阅读成就思想……

Read to Achieve

语音界面冲击

人机交互对话的未来与应用

[日] 河野道成／著　范俏莲／译

音声に未来はあるか？

中国人民大学出版社
· 北京 ·

图书在版编目（CIP）数据

语音界面冲击：人机交互对话的未来与应用 /（日）
河野道成著；范俏莲译. —北京：中国人民大学出版
社，2020.2

ISBN 978-7-300-27738-7

Ⅰ.①语… Ⅱ.①河… ②范… Ⅲ.①语音信息处理
—人机界面 Ⅳ.① TP391.1

中国版本图书馆 CIP 数据核字（2019）第 272680 号

语音界面冲击：人机交互对话的未来与应用

［日］河野道成　著

范俏莲　译

Yuyin Jiemian Chongji: Renji Jiaohu Duihua de Weilai yu Yingyong

出版发行　中国人民大学出版社
社　　址　北京中关村大街 31 号　　　　　　邮政编码　100080
电　　话　010-62511242（总编室）　　　　010-62511770（质管部）
　　　　　010-82501766（邮购部）　　　　010-62514148（门市部）
　　　　　010-62515195（发行公司）　　　010-62515275（盗版举报）
网　　址　http://www.crup.com.cn
经　　销　新华书店
印　　刷　天津中印联印务有限公司
规　　格　148mm×210mm　32 开本　　　版　次　2020 年 2 月第 1 版
印　　张　6　插页 1　　　　　　　　　　印　次　2020 年 2 月第 1 次印刷
字　　数　123 000　　　　　　　　　　　定　价　55.00 元

"来一首工作时的咖啡厅背景音乐吧!"

（音乐开始播放）我手中端着刚煮好的咖啡，坐在书房的椅子上，边听着背景音乐边敲着键盘，这就是我最近的工作状态。当工作电话打进来时，我只需要说一句"停止播放"，音乐便戛然而止。这宛如科幻电影般的场景，已经在现实中出现了。

与其他界面截然不同的语音界面

我以前在索尼公司的研发部门从事用户界面（user interface，UI）和用户体验设计（user experience design，UXDesign）的开发工作。2013 年，我才正式开始开发支持语音界面的产品。刚一进入这个领域，我便觉察到它和其他界面完全不同。

操控电视需要用遥控器，操作电脑需要用键盘鼠标，操控手机要用手指点击，这些都是一般操作。这些传统界面与语音界面看似相同，实则有相当大的差异。如果把它当作鼠标和点击界面的延伸，那你便会感到它其实比较难用。

智能音箱蔚然成风

2017 年，支持语音界面的智能音箱开始逐渐进入市场。我们每天都被类似"光影世界照进现实"或"人工智能，让生活更精彩"之类的宣传语包围着，应该有很多人是抱着"虽然不太懂，但看着挺有意思"的心态尝鲜购买此类智能音箱吧？我周围也有人觉得"既然支持人工智能，估计能派上大用场"，于是就购买了一台。

虽然智能音箱销售异常火爆，但也有人把刚买不久的音箱束之高阁。他们为什么会这么做呢？

我认为其中一个原因就是，许多人抱着"智能音箱是新时代的智能家电"这样先入为主的观念，在不了解语音界面是何种界面的情况下就盲目购买。还有一部分人是对宣传内容充满期待，而当实际买到产品后却感觉"和宣传的有点差距"。类似这样的呼声，顺着 SNS（社交网络服务）一点点地蔓延开来。

不仅是智能音箱，支持语音界面的对话机器人也面临着同样的问题。"在店里演示的时候，那个机器人能说会道的，怎么放到家里就一句话都不说了呢！"有过这样经历的人，应该不止一两个吧？

语音界面的长短板

这样一来，支持语音界面的产品，说不定一时间便成了明日黄花。

这可真是暴殄天物了！因为语音界面有着很多其他界面不具备的优势。如今我们需要搞清楚的是语音界面的长板在哪里，而短板又在哪里，以及开发者需要考虑什么。在此基础上，我们才能重新拾起对智能音箱或者对话机器人的期待，才会推动社会走向便捷，人们的生活才会丰富多彩。我正是想到这一点，才下决心写这本书的。

我相信以下这几类人，读了本书后必定会得到启发：

- 我想知道为什么自己家的智能音箱老是领会不了我的指令；
- 我想知道智能音箱和机器人的发展现状和前景；
- 我想知道关于语音界面的整体知识；
- 我期待通过语音界面就能和机器人进行交流，但我不知道应该如何改良；
- 我想开发语音用户界面和语音 UX 设计。

本书的主要内容

本书的第 1 章将概述语音界面的现状及未来。第 2 章将简单介绍语音界面的历史。语音界面自然不是万能的，它和其他界面一样，都需要适材适所地应用。为了更好地理解这一点，第 3 章将说明语音界面的优势和特点。第 4 章将以支持语音界面的智能音箱和机器人为例，介绍各种商品的功能及其特点。

第 5 章将说明需要使用何种技术才能实现语音界面。这一部分的说明并不会使用难以理解的术语，即便你没有这方面的知识储备，同样能够理解。第 6 章将梳理语音界面的课题和问题。这一章能让我们知道语音界面在技术层面仍需要面对很多课题。

第 7 章将主要着眼于即将成为未来语音界面主流的"语音交互"（对话），并解说以语音为媒介的人机对话的困难性。希望读者能理解语音交互会受到语言、文化及习惯的影响的事实。第 8 章将着眼于语音界面的商业用途，并简要介绍拥有该项技术的企业。第 9 章将带领读者跃入语音界面的世界。

"在？给我讲讲语音界面吧！"

"叮咚……"

目 录

第❸章 语音界面的特点与优势

第❹章 支持语音界面的商品

第 1 章

语音界面的现状和未来

"沿到地球的最短路线驾驶!"

科幻电影中经常会出现人类口头给机器人下达指令的场面。他们对着手表型装置下达指示:"基德,去后门!"搭载"trans-am knight2000"的人工智能应声答道:"是,主人。"接着载具就朝着后门驶去。在《星球大战》的世界里,机器人不仅能够和人类进行一般的对话,还能时常和人类互相开玩笑。

现在,电影情节开始一点点地走进现实。你只要说一句"播放适合圣诞节派对的音乐",派对音乐便会随着你的指令响起。再说一句"给丽雅发个邮件,祝她派对玩得开心",居家辅助系统便会替你发出邮件。

时代在语言中流转

支持语音的商品,最早可以追溯到 1990 年出产的一些汽车导航系统和语音识别应用,但遗憾的是这一技术没能推广到其他商品上。这是因为当年其他的商品几乎没有使用语音的优势。

时代终究还是选择了语音。进入 2000 年以来,电脑网络技术迅速普及,能让人随时随地使用网络的移动终端——智能手机。电脑的 UI(用户界面)一般都需要依赖键盘和鼠标。随着智能手机的出现,"点触式 UI"开始备受瞩目。由于移动环境操作便捷,点触式 UI 瞬间便被投入使用。智能手机鼻祖——美国苹果公司也开始推出自家的语音助手"Siri"，提供语言对话服务。谷歌也同样开始提供此类服务，人们对其期望颇高，大有今后便是语音界面的时代之势。

之后出现的智能音箱更是给这一期待提供了支持。2017年各大公司相继推出智能音箱，媒体更是竞相报道，2017年正是智能音箱的元年。我相信现在读到本书的读者中，必然有人已经买了智能音箱或者正准备买。相信各位一定在翘首以盼，期待体验一下科幻电影般的生活。

哆啦 A 梦的神奇道具成为现实

不仅是智能手机和智能音箱，近来的汽车和机器人也都开始搭载语音界面，开始支持人机对话。人们可以一边驾驶汽车，一边发送邮件。对话机器人可以回答人们关于商品质量的问题，并指导人们挑选高质量商品。

客户支持中心（呼叫中心）也开始逐步引入语音应答系统，因而工作效率也正在提高。最近，能够自动回应文字聊天的"bot"服务开始增加，作为集客策略的同传翻译也开始备受关注。一坐进出租车，就看到一块显示屏，只要选择母语（如英语），从机器里就会传出一句流畅的英文"Where do you want to go"，你只要再说一句"Go to Tokyo Station, please"，机器就会用日语替你传话"東京駅までお願いほす"（我想去东京站）。

人工智能系统同传应用试验正式开始。这就像哆啦A梦的神奇道具之一——翻译魔芋。只要吃一口，不论是哪里的语言，都能像听母语一样完全理解，而从你口中说出的话则会自动翻译成对方的语言。这一切正在成为现实。

近年来，语音界面备受关注，同时也在被引进各类服务之中。

语音免触成为快捷方式

"语音界面"具有键盘、触摸屏等其他界面不具备的特征。首要的一点就是可以解放双手，进行免触操作。就餐时、驾驶中，我们可以不看画面，直接用声音操作。

虽然越来越多的人习惯触屏操作，但大多数人使用声音操作更为迅速。如果语音转换成文字的速度等于语速，那自然是相当便利的。举一个极端的例子，我们在写会议记录的时候，再也不必噼里啪啦地拼命敲打键盘了。

并且，语音是极其适合作为"快捷方式"的。只要你说一句"我想去惠比寿附近比较好吃的烤肉店"，机器就会替你搜寻店铺并列出榜单。如果用手机上的美食App来做同样的事，则先要选择区域（选择"东京"–"惠比寿"，或者直接输入"惠比寿"），之后再选择菜品种类"烤肉"，有时还需要选择"午餐"或者"晚餐"，甚至还要输入就餐人数，否则就不能检索。比起语音检索，这显然太麻烦了。

语音助手的代表就是以 Siri 为代表的支持语音"对话"（谈话）的人工智能。人们也可以和 AI 做简单的交流。你对 Siri 说"工作好累啊"，它便会来安慰你，"放轻松，放轻松！休息一下，休息一下！"它好像是你的家人，又像是你的朋友。

Chatbot 已经开始实际应用

最近，市场上出现了以人类之间的对话（谈话）为参考而制作的"对话系统"。支持文字对话（聊天）的自动对话系统"Chatbot"已经开始实际应用。消费者支持中心或呼叫中心等提供答疑和意见处理的服务已经开始逐步推进自动化。

对话服务也应用于制订旅行计划之中。"感觉像是在和'人'对话，其实是在和系统沟通"，像这样的事情未来将会更加普遍。

此外，机器会根据指令内容的意思和意图提供各种各样的服务。发出一句"这次想去迪士尼玩"的指令，AI 不仅会为你规划去迪士尼乐园的路线，并且还会为你确认家人的时间安排，还会为你获取人流密集预测以及活动信息，有时甚至可以按照预算为你搭配交通手段和日程，并替你预订门票、宾馆、餐厅、停车场等。如果你家有小孩，AI 还会考虑到这个情况，选择适合的餐厅、宾馆以及出行时段。

语音界面附带信息检索（天气预报、新闻等）、多媒体播放器（播放音乐和视频）、预定管理（日历、任务管理）等功能，能让你体验到谈话（闲谈等）本身的乐趣，这对于其他形式的界面来说，是十分困难的。在美国，智能音箱朗读服务十分流行。只有通过语音形式才能实现价值的服务，想必今后会越来越多。

语音界面变身"传话游戏"

语音界面虽然是一种前所未有的梦幻般的界面，但它仍然面临着太多的问题。

语音界面的首要问题就是，沦为"传话游戏"。传话游戏的有趣之处就在于，在游戏过程中一旦有人搞错传话内容，那么信息就再也不能还原。语音界面也会产生同样的问题。如果用户发出的语音指令被误读，此后即便进行语义理解、检索等动作处理，AI 也不会设想到那些误读，而是会直接进行处理。最开始的错误会渐渐影响到后一个阶段的处理。结果机器便会做出用户意想不到的动作。最后机器便会发出"我不懂你在说什么""请再重复一遍"的提示，因而被用户"抛弃"。

语音界面不会显示问题是什么。如果 AI 会提示"口齿不太清晰""说话方式不对""声音太小""周围太过喧闹""请离麦克风近些"的话，我们就好处理了。但现今的语音界面并不能具体提示我们问题出在哪儿。

不能和平时一样说话

还有一个问题，那就是在一套语音界面前，我们刚开始会不知道该说什么。之前举过一个"我想去惠比寿附近好吃的烤肉店"的例子，如果是和人对话，我们就不会这么说了吧？对话大概是这样的：哎，我现在想到惠比寿那边吃点烤肉，你有没有推荐的啊？多数人在对语音界面系统开始发号施令时，都会因考虑"必须符合语法""时间和地点什么时候说比较好"之类的问题而迟迟不能开口。我们平时交流用的语言，自由度都过高，所以我们不知道要怎样说系统才能理解。

如果先入为主地认为既然是 AI 系统，那就肯定比人要聪明，结果刚一发出指令，就得到一条"我没听懂，请重复一遍"的回复。

留言电话登记的表达问题

虽然语音界面可以解放双手轻松使用，但为什么人们在面对语音界面时还是会感到紧张呢？通常我们会认为，使用者必须先在脑子里筛选"想要表达的内容"，再通过整理才能开始发言。拨通电话后发现是留言，面对这种情景，许多人都会瞬间开始紧张。我们在说话时，会尽力避免如"嗯""那个"之类的停顿，并严格按照语法进行留言。甚至有人因为实在受不了带着这种紧张感开口说话，结果一条留言也不说就直接挂断。这种情况频频发生在智能音箱的应用上。

语音界面面对的问题不仅对技术层面产生影响，也影响到了沟通、语言、文化等心理层面。为了解决这些问题，有必要对人的体验价值进行创设。这类设计被称为"UX 设计"。语音界面如果想取得成功，就必须有语音专属的 UX 设计。

AI 技术助力语音交互的进化

沟通交流这一方面，即便是人类之间也很难达到相互理解，而现在我们正把 AI 技术引进这一领域。我们可以将其看作如今的智能音箱和智能手机的功能延伸，但总有一天，它会发展得如同一个管家，迅速满足你的各种需求；或者如同你的好友，和你一起去购物；当你失落时，它又会摇身一变，仿佛你的家人一样给你安慰。由于语音交互（语音助手）的出现，这样的时代正向我们走来。那正是我们和科幻电影或动画片中的机器人和角色进行交流的场景。

下一章我们将大致回顾备受期待又令人不安的语音界面的历史。之后，我们将开始研究语音界面的问题，笔者将会对语音界面的特点以及利用这些特点开发出的智能音箱等商品进行说明。

第 **2** 章

语音界面的
历史

语音界面到底是从何时开始成为研发对象的呢？又是何时开始应用在我们生活中的呢？

早期语音交互系统"VOYAGER"

"语音识别"研究始于 50 多年以前，具体可以追溯到 20 世纪六七十年代。20 世纪 90 年代，随着电脑性能的提高，语音识别开始应用于汽车导航和个人电脑上。大学以及企业的研究机构纷纷开始进行"语音交互系统"的研发。美国麻省理工学院开发了一套名为"VOYAGER"的系统，用于剑桥市的交通导引。

此时的语音识别仅限于"孤立单词识别"，一般只支持识别一个单词，最多也只能支持可识别单词的连续发声，即只能识别如"家""公司"之类的单词，因而很少有机会发挥作用。比语音输入更准确更简单的手段（按键或键盘输入）远胜于它，因而语音界面的商业化很难在当时发生。

进入 2000 年以来，硬件性能不断提高，云计算开始出现，连续语音输入几乎可以实现实时识别。此时，语音界面开始迅速走向商业化，并开始应用于电话的自动应答（IVR）系统。不过，语音界面仍未完全进入日本。2003 年，京都大学为京都市内公交运行信息导航设立了一套语音交互系统，并开展了应用试验。报告显示，由于当时手机已经可以上网，因此使用这一系统的只有视障人士。

2011 年 iPhone 开始支持 "Siri"

2000 年，支持语音识别的游戏 "shiima"（请参考第 4 章）问世，但当时几乎还没有支持实时连接的网络环境，并且电脑的 CPU 速度及存储量都很有限，因而 "shiima" 能识别的词汇很少，识别率也很低。但 "shiima" 的人气越来越高，因为它的功能十分吸引用户。厂商反而利用了语音识别精准度低下的特点，打出了 "让用户学习" 的战略。比如，当接收到连续多个不能识别的词汇，"shiima" 会表示 "你说的都是什么啊！听不懂啊！真没意思，我回去了，拜拜"，然后气呼呼地朝水箱深处游去，或者劝用户 "说话要口齿清晰哦！" 厂商正是使用这一独特的方法，才克服了技术难关。

2010 年，"云环境" 已经成型，其计算处理能力已今非昔比，并且算法也大大改观，"大词库语音识别"（支持识别数万到数百万个词汇）也已经投入使用了。此后，语音助手正式应用，一时间支持语音界面的设备和服务如雨后春笋般争相问世。

在 2011 年，美国苹果公司将自家的 "Siri" 系统应用于 iPhone 4S。当时只支持英语、德语和法语，到了 2012 年 3 月才开始支持日语。同一时期，NTT DOCOMO 公司为自家旗下的安卓手机开发了一款支持语音助手的 App——对话精灵，并向用户提供免费服务。

物理 UI–CUI–GUI– 手势 UI– 语音 UI

下面我们稍微回顾一下 UI 的历史（见表 2–1）。

过去的电脑和系统操作都需要使用按钮和开关，即物理 UI。之后电脑开始使用键盘，需要逐词输入指令，CUI（Character User Interface）成为主流。再后来大家熟悉的 Windows 和 Mac 等电脑图标和指针设备（鼠标等）开始出现，GUI（Graphical User Interface）也随之问世。智能机使用的触摸屏也可以称为 GUI（手指和触摸笔点触屏幕的 UI 也被称为点触式 UI）。

物理 UI	CUI	GUI	手势 UI	语音 UI
按键 开关	键盘	鼠标 手指	手指、手臂、手腕	语音
按动、拉动	输入指令	缩扩放、拖动、点触	食指轨迹	指令语言、自然语言

图 2–1　用户界面的种类

2010 年采用人类的自然、直观动作的 NUI（Natural User Interface）出现了。NUI 具体的实例包括手势、体态以及语音输入等。用手势和体态操作也称作"手势 UI"。手势

UI 应用于 2010 年美国微软发售的"Xbox360"游戏机，同时发售的 Kinect 传感器同样引发了关注。

语音 UI 则出现在 2012 年美国举办的世界最大规模的家电会展——CES（Consumer Electronic Show）上。当时韩国三星电子公司在会展上发布了自家旗下配备语音界面的新型电视机。只要对着电视说一句"Hi，TV"，画面下方便会出现麦克风图标及操作菜单，通过发出"Volume Up""Mute On""Channel Up"等指令，即可实现调节音量和切换频道等操作。

2012 年，雅虎推出了"安卓语音助手"，KDDI 出品了"OHANASI 助理"语音交互系统。夏普则推出了 AQUOS 蓝光刻录机，该产品配备了"AQUOS PHONE"，支持语音检索功能。2012 年也成了语音界面应用于常用电子设备的开局之年。

如今的 B2B（企业交易）已经开始引进支持通过语音识别，将会议内容以及电话内容转化成文字的"语音转录技术"的设备。由于比人工记录效率高，得以迅速推广，2010 年日本众议院正式引进了会议记录自动生成系统。

AI 和语音——剪不断的关系

2010 年以前，使用语音界面必须使嘴巴和话筒之间保持较近的距离（约 30cm 以内）。如果发声时，嘴巴和话筒距离太远，环境音和回音会连同使用者的声音一同被话筒捕捉，从而降低语音识别的准确度。2014 年，话筒采音技术提高，即便离话筒有一定的距离，声音也可以被机器识别（采音技术将在第 5 章详细说明）。自此各种家电和系统都开始配备语音界面了。

2012 年（准确地说应该是 2010 年），引发第三次 AI 风潮的"深度学习"概念被提出，语音识别技术又有了一次进化。除了能对语言进行分析理解的自然语言处理技术外，能模拟出近乎自然人声的语音合成技术也得到了应用，高性能产品呼之欲出，语音界面风潮和 AI 风潮同时到来。而语音界面和 AI 技术的关系也是难以分割的。

智能音箱和仿生机器人的出现

2014 年，自然语言的处理能力提高，机器已经可以支持一定程度的自然语言对话。2014 年 11 月，美国亚马逊出品了一款"Amazon Echo"智能音箱并在美国发售。第一代 Amazon Echo 的本体和话筒不使用同一个遥控器，用户需要向遥控器发音。2014 年，软银集团发售了能够探知人类感情的仿生机器人"Pepper"。

2016 年，谷歌在美国发售了旗下的智能音箱"Google Home"。之后，日本制造商也开始发售对话机器人和智能音箱。2017 年开始，"LINE Colva""KIROBO""RoBoHoN""Xperia

Hello"等智能音箱和支持语音助手功能的机器人纷纷在日本本土发售。如今我们正迎来一场 AI 风潮（准确地说，应该是第三次 AI 风潮）。

语音界面走进银行和零售店

不知不觉之间，语音界面已经开始投入实际应用。为包括用户支持和呼叫中心的工作人员提供帮助，并且语音系统也开始可以替代人工。它还能为提供文字输入对话和谈话业务（答疑咨询）的银行和零售店提供支援。这些业务正在走向无人化（这类服务称作"chatbot"）。并且，以软银 Pepper 为代表的仿生机器人，今后也将纷纷出现在我们的视野之中。它们一定能理解我们的语言，并回答我们的疑问。

小结

语音界面在 1990—2000 年间开始投入使用，但当时并未受到重视。随着第三次 AI 风潮的到来，其精准度得到提高。由于基础设施的完善，2010 年语音界面的应用开始蓬勃发展。2014 年，语音界面开始应用于智能机 App，并开始配置在智能音箱和家电上。语音界面从此进入了人们的生活（见图 2–2）。

今后以机器人和对话为基础，我们有望接触到各种各样的服务和应用程序。

下一章将会就语音界面的特点和优势进行说明。

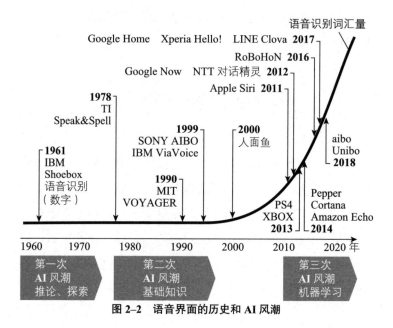

图 2-2 语音界面的历史和 AI 风潮

第 **3** 章

语音界面的特点与优势

上一章我们概览了语音界面的历史。20 世纪 90 年代起，许多服务已经开始实用语音界面，但始终没有达到真正意义上的普及。虽然有"不如其他形式的界面"之类的意见，但语音界面的开发热潮始终没有熄灭。原因很简单，语音界面具有其他界面所不具备的优势。

本章将以智能手机的主要操作模式——点触式 UI 等传统界面与语音界面做对比，从而阐明语音界面的特征。

语音界面的特征和优势主要包括以下 10 点：

- 减少文字输入时间；
- 方便快捷（减少步骤）；
- 免触操作（同时操作）；
- 操作姿势自由；
- 支持附加条件指令；
- 支持模糊表达；
- 创造人机对话体验价值；
- 支持反映感情和心理状况；
- 受文化和语言差异的影响；
- 该媒介符合人类认知水平。

既然有优势，那么同时也必有劣势。语音界面不是万能的，也有其自身的短板。从已经投入使用的智能音箱来看，一定有人对它"大失所望"。这些问题及短板将在第 6 章进行梳理。这里只就语音界面与其他 UI 的区别和其自身优势列举相关场景（事例）进行说明。

减少文字输入时间

　　语音界面最为人熟知的优势就是不需要使用键盘和鼠标就能进行文字输入。尤其是对于老人和孩子来说，和其他界面相比，通过语音输入文字的语音界面非常具有优势。

　　实现这一切的前提条件是语音识别精准度较高。日语中有同音异义词现象，因此需要拣词和取消，用语音实现这些操作是有困难的。

　　近来，有些人的打字速度已经相当于人的说话速度（语速），还有人点击手机输入文字（手指迅速上下左右地划动点击的打字方式）的速度快得令人难以置信。由于联想词功能日趋完善，只要输入"早"，接着就会出现"早上好"之类的备选词，和以往相比，使用点触式界面可以实现快速打字。

　　其他形式的界面也在研究如何减少输入时间，但语音界面几乎人人都能使用，因此它拥有无与伦比的魅力。特别是后面会提到的，通过优势整合可以实现快速的文字输入，这是语音界面独有的便利之处。

方便快捷（减少步骤）

如果想知道"横滨明日天气"，各位会怎么做？有些人会查看手机桌面上的本地天气预报，但对于特定地区的明日天气，就需要打开天气 App 或者浏览器了。如果使用电脑，那就要访问天气预报网站，选择地区"横滨"，再选择日期"明天"，通过这样的多次操作才能得到目标地区的天气信息。

这样的"多次操作"在 UI 或 UX Design 术语中叫作"步骤数"。想要得到目标信息，不论是用手机点触还是用电脑键鼠，都需要多步骤操作，而使用语音界面则仅需要一两句话的简便操作（快捷方式）就可以实现。这是语音界面的一个强项。

前文提到过，查询"横滨明日天气"，使用电脑需要多步操作，而使用语音界面则只需要发出一句"明天横滨天气怎么样"的指令。当然，我们还要算上必须使用唤醒词（语音识别开始的必要口令），不过即便加上唤醒词，步骤还是很少，所需的时间也比其他形式的界面短得多。相信各位一定知道这个道理，与其特意打开短信程序，选好收件人再输入内容，倒不如说一句"给山本老师发条信息，我要迟到了"来得轻松。

"一句话"完成大量条目拣选

需要在众多条目中进行检索时，使用语音即可实现快捷方式。比如，你想听爱莉安娜·格兰德（Ariana Grande）的歌，就需要在音乐网站上，从大量曲目中拣选所需。如果使用传统 UI 则需要多次点击滚动条和按键，有时还需要遵循五十音顺序[①]进行排序，或输入歌名才能拣选出需要的内容。而使用语音输入，则只需要发出"搜索爱莉安娜·格兰德的歌曲"指令就能完成操作。此外，如果你需要搜寻圣诞歌单，使用传统 UI 也需要从列表中搜寻目标曲目，这实在是太麻烦了。

过去，很难想象一个人能够有 1 万张电子照片或 1000 部电影资源。因为数据量巨大，电脑难以储存。如今云储存服务已经成型，个人可以拥有超大量资源。通过云服务，即便个人没有音乐或电影资源，只要想听想看，随时可以购买资源进行观赏。能够保有如此庞大资源的环境，必须支持资源（数据）的简单访问，而这正是语音界面的用武之地。

另外，使用语音界面即便是发出很短的单词指令，同样能够实现快捷方式（减少步骤）。如果设备为智能音箱，只要说"播放爱莉安娜·格兰德的歌"就可以了，如果音乐网站也配备了语音界面，则只需要说"爱莉安娜·格兰德"就能够实现目的。诸如此类的快捷方式是语音界面最显著的优势。

---

① 相当于日语字母表。——译者注

免触操作（同时操作）

以往的家电和电脑一般都需要手动操作。开关、按钮、鼠标、键盘，这些都要靠手来操作。银行的 ATM 机、售票机之类的机器虽然由按键式向点触式发展，但始终需要手动操作。冬季天气寒冷，如果戴着手套，此时还需要把手伸出来进行操作。

语音界面不需要手动操作。只要能够发声就能操作，因此即便两手都被占着也能进行操作。你在做饭时、准备出门时、一手夹菜一手拿着水杯时，都可以使用语音界面（图3-1）。当然，由于需要发声，所以口中有食物时不能进行操作（容易引起误会）。

图 3-1　烹饪时进行语音操作

最近流行的 VR（虚拟现实）设备在使用时，用户看不见自己的手臂和手指，这时语音操作的便利性便体现出来了。人类在突发情况下一般会发出叫喊声，此时系统会识别这种叫喊并保护使用者。相信这样的场景今后会越来越普遍。

操作姿势自由

虽然语音界面和前面提到的免触操作（同时操作）有关联性，但用户并不需要摆出姿势。或躺或坐，甚至行走时都没有限制。在驾驶汽车时，为了安全起见，视线不能离开前方的时候，语音界面就显得非常便利了。用户无须特意凑近设备进行操作。即便是面对着一堆食材做菜时，也可以对机器发出"定时 3 分钟"的指令。

对于有些商品而言，采音信号处理技术尚未完善，可能会发生语音识别失误的现象，使用时应该尽量靠近设备大声一点（第 6 章将详细说明）。虽然这样的问题仍然存在，但语音界面毕竟不像点触式 UI 和按钮式操作，它不需要用户一直盯着设备，直接发声即可。容许范围广泛也是其特征之一。

支持附加条件指令

下面我们思考一个指令——"如果要下雨了，就给妈妈发信息提醒她带伞"。任务（必须完成的动作）是"给妈妈发短信提醒她带伞","如果要下雨"则是条件。

换言之就是,指令允许附带条件。这样附带条件的指令,我们日常经常使用。比如,"没有牛奶?那让老爸回家的时候捎一点吧",也是一样的道理。实现这一功能的方法之一就是"IFTTT"(IF This Then That)服务。顾名思义,附加条件任务指的就是,"如果(IF)这样的话(This),就(Then)那样(That)做"。

Google Home 和 Amazon Echo 等智能音箱也同样支持"IFTTT"。比如,对智能音箱说"晚安",它会回答"我先睡了",并自动闭上眼睛。点触式 UI 或指令式 UI 很难实现附加条件指令,而语音则可以实现。

临出门前对 Amazon Echo 说"我出去了",机器便会为你关闭照明设备和空调等各种家电的电源,而扫地机器人则会启动。这一系列操作都能够通过系统实现。只要说"我起床了",机器就会为你开启照明,为你读报烧热水。

支持模糊表达

在表示颜色时,我们一般不会直接说"淡青色",而是会说"大海一样的蓝色"或"蒂芙尼那种颜色"。同样,在网购时,我们在搜索商品尺寸时,也不会精确输入"宽多少厘米,长多少厘米",而是大致地说"手掌大小",这样才比较方便(表达方法因人而异)。

语音界面对这样的模糊表达的容许度相当高。虽然对于模糊表达的处理并非只有语音才能实现，但人们在使用语音时表达模糊，因此这是必然的技术进化。

在你发出"播放舒缓音乐"的指令时，则需要聚焦使心情"舒缓"的曲目进行搜索。语音识别技术是能理解语音的含义，能够判断需要执行的行动的技术。但若是特意要求把"爵士乐、波萨诺瓦、钢琴独奏"分得清清楚楚，这项工作就没完没了了，根本不可能实现。如果想让电脑能够理解模糊表达，并进行处理，那必须有能合理运用多种知识的数据库作为支持。这类功能在过去被视为难题，但如今却逐渐得以实现。

创造人机对话价值体验

和机器人对话聊天，就创造了"人机交互体验"价值。当然，你也可以选择文字交流，但只要你用语音发言，机器也会用声音给你回复，这就是以声音回复声音的优势。"好啊！""太棒了！""恭喜你！"这些表示感叹的语言，比起文字，用声音的形式回复，显然更容易使人产生共鸣。

由于说话人心理状态不同，发声的大小、语速、音调高低都会发生变化。这些变化反映了说话人的情感，根据这些变化可以参透说话人的心思。特别是对日本人而言，有试验表明，比起表情和动作，日本人更能理解他人声音中反映出的心理情感。

除了从语音信号识别感情的技术，现在也出现了能表现出声音中的情感的语音合成引擎。如今机器人或者语音助手都开始能够读取我们的感情并做出反馈。但由于这项技术还比较新，因此其体验设计尚不完善。这点将在第 7 章进行详细说明。

支持反映感情和心理状况

交流体验价值注重语音中反映的感情和心理。这是语音界面和其他界面的巨大区别，有些人在心里焦躁的时候会使劲点击屏幕，但点击操作和喜怒哀乐的感情没有直接联系。文字输入也是同样的道理。不如说，在邮件文字化的同时，悲哀和愤怒这类感情便开始被压抑了。

只有声音才能在无意间传达出心理状态。例如，手机 App 上（文字形式）的"你喜欢的事物是什么"这句话，很多人都会怀疑它是一句宣传语或者广告语。也许你总是小心翼翼地避免泄露个人信息或者嗜好。但如果是平常能接触到的机器人对你说"都说俗话说'秋高气爽，食欲大增'，那你爱吃什么呀"，你便会爽快地回答，真是不可思议。通过语音交流，了解到用户的习惯和嗜好，就能利用这些信息完善服务。

受文化和语言差异的影响

语音除了能反映感情和心理状态之外，还有一个异于其他界面的特征，那就是受语言文化差异的影响很大。

所有其他的界面，从全球角度来看，都有某种程度的趋同。从横写语言层面看，文字一般是由左至右书写，但也有反例。有的语言只是纵向书写，当然也有像日语一样，纵横文都可以用的语言。这些区别只不过是规则的区别。

语言不同，文字、语法也就不同，并且语言风格也会有差异。对话交流因文化不同，会产生巨大的区别。当然，这包括语言本身以及语法的差异。

比如，英语一般以主语或疑问词为句首，日语则不是这样，我们时常省略主语。在实际会话中，比起细枝末节的语法组成，我们更重视先表达出说话人的意思。"哎，要下雪吧，明天？对对对，是要下雪，东京吧？"像这样只抓住关键词汇，而进行语序倒置的会话很普遍。日语母语者反而不会像日语教科书那样去说"明天东京会下雪吗"。

日本有很多方言。没有人真真正正地在使用标准语，即便能像播音员一样使用正确的语法说话，语调、用词也千差万别。单就日语来说，就有各种变体，那么世界上的语言变体就不可胜数了。不论是语音识别还是语义分析，多语种处理需要高度成熟的技术和巨大的数据库作支撑。

我们需要探索跨语际、跨文化的普世规则，在把握每种语言各自特征的基础上，去思考如何设计系统。语音界面不同于其他形式的界面，我们必须重视如何吸收文化以及语言的差异。

符合人类认知水平的媒介

不仅是输入，语音界面的输出也同样使用语音，其中也包括播放事先录制好的声音，以及通过语音合成技术而发出的声音。

从输出语音的角度看，可以说语音界面是一个符合人类认知水平的媒介。这里举一个简单的例子，一个人边看电影边阅读书籍是十分困难的，而边听广播或音乐边读书则可以做到（因人而异）。以画面为主的界面，要求使用者必须将视线集中在画面上，而语音界面则没有这种要求。

切入操作画面时，会让人感到压抑，而语音或效果音切入则不会让人过于反感。但这又会带来其他问题。语音容易被人忽视，有时候人们会漏掉系统的通知和消息。

配备语音界面的系统需要具备精确判断用户是否听见提示的功能。有显示的话，则需要用发送信息等能够准确表示结果的手段进行确认。即便是人类之间的交流，也会出现在对话中忽视对方意思或疏忽信息确认，此时自然会产生交流错误。

　　只要做个简单的试验，立刻就能弄清这一切。我们可以尝试在交流中不发出"嗯""哦"之类的表示肯定或确认的语气词，同时也不允许点头。之后也和对方做如上约定，两人便可以开始就自我介绍、上个假期出行的目的地等话题进行交流。相信这样的对话很难进行下去。用不了多久，你们便会开始点头或附和对方。因为这会让对方确认"他是在认真听我说话"，从而安心地将话题继续下去。在对话过程中，我们会不经意地留意对方的眼神，系统也是同样的道理。

第 **4** 章

支持语音界面的商品

04 音声に
未来は
あるか？

本章将介绍支持语音界面的最新产品和服务。界面一般分为输入和输出，语音输入是"人发出指令（＝发声说话）"，语音输出是"机器人和语音助手等电脑发声"。本章所说的语音界面，指的是不论输入或输出，只要使用到语音即定义为"支持语音界面的产品"。换言之，即便产品仅支持语音输入而输出的是文字或动画，也被视为支持语音界面的产品。

语音界面的六个基本功能

如今市面上支持语音界面的产品，其功能可以大致分为六大类。这便是语音界面的六个基本功能。

1. 信息检索（搜索）

2. 预约管理

3. 通讯

4. 多媒体播放器

5. 机器连接

6. 聊天和娱乐

下面依次为你介绍每个功能。

信息检索（搜索）

这个功能可以给你提供你不知道的信息，包括天气预报、新闻等。当你需要了解类似百科全书词条的信息时，这就显得十分便利。"今天天气怎么样""我要听最新的新闻""日本最高的山是哪座"，这些问题都可以用语音提出，你还可以向机器询问金句和名言。想要查询英语单词，就可以对机器说出那个单词，想要查某个动物叫什么，机器也可以通过叫声判断那是什么。

预约管理

这其中包括日程管理和闹钟功能。机器可以设定预约并确认，时间到了就会通知使用者。如"今天有什么安排""7 月 2 日预定购物""设置闹钟五分钟"，都可以向机器发出指令。由于机种和服务的不同，可以使用的日历 \ 日程表各不相同，但谷歌的"Google Calendar"应用最为广泛。

通讯

这包括邮件、电话、视频通话等功能。机器可以向你预先设定好的人拨打电话或申请视频通话。你可以对机器说，"给松本老师发邮件""给石田打电话"，也可以说"给山田打 Skype"，你的指令中也可以有程序名。

多媒体播放器

播放音乐和视频的功能。你可以发出"播放舞蹈音乐""播放运动音乐列表""调高音量"等指令。播放列表可以是用户选取的，也可以从事先收藏的曲目中选取。

机器连接

这一功能允许你控制家中所有支持联网的电器，即控制智能家电。你可以使用"打开电视""关闭电灯"等指令。当然，目前支持在外部操控的主要是电视机、电灯、空调等电器，但今后支持操控的电器还会增加。

聊天和娱乐

即便你没有明确目的，也可以和机器对话、交流。有些设备已经配备了支持根据用户提问和用户谈话的聊天引擎，还有的设备有游戏（占卜）等各种各样的功能。如果是机器人，还能根据需求跳舞或者摆造型。也有的设备可以和用户就兴趣和爱吃的食物展开谈话。

不过，这些功能在日本并没有被广泛使用，而智能音箱朗读服务在美国却十分火爆。

除六大基本功能外的其他功能

有些支持语音界面的设备除了六个基本功能外，还具备其他功能。而且这个分类方法也是笔者就当下情况制定的，而今后必然有越来越多的云服务和辅助功能会出现，因此设备的功能也会增多。其中也不乏美国具备但日本却不具备（待引进）的功能，因此持有智能音箱的朋友们，希望你们能关注网上最新的相应服务信息。

　　下面具体介绍产品和服务。这里不会按照六大基本功能进行分类介绍，而是将产品分为六个组别，即"语音助手""智能音箱""人工智能机器人""支持语音识别的智能家电""游戏机"以及"其他"。语音助手和智能音箱的主要商品见图 4-1。

制造商	品名	语音界面的六个基本功能						技术提供源	
		信息检索（搜索）	预约管理	通讯	多媒体播放器	机器连接	聊天和娱乐	语音识别	语音合成
语音助手（语音辅助/语音交互辅助）									
苹果	Siri	○	○	○	○	○	○	Nuance公司	苹果?
微软	Cortana	○			○			微软	微软/Bing
谷歌	Google Now	○	○	○	○	○	○	谷歌	谷歌
NTT DOCOMO	说话精灵	○	○	○	○	○	○	FueTrek	AITalk
雅虎	语音助手	○	○	○				雅虎	—
智能音箱									
谷歌	Google Home	○	○		○	○	○	谷歌	谷歌
亚马逊	Amazon Echo	○	○				○	亚马逊	亚马逊
LINE	Clova	○					○	LINE	LINE
苹果	HomePod	○			○			Nuance公司	未公开

图 4-1　"语音助手""智能音箱"商品一览表

语言辅助（语音助理＼语音交互助理）

支持语音界面的一系列商品能为我们提供各种辅助和服务。我们使用本身含义为"中介""代理"的"助理"一词，提出了"语音助理"和"语音交互助理"的概念。语音助理功能是以软件形式提供服务的，它被应用于各种设备上。安装在音响上就是"智能音箱"，安装在机器人上就成了"人工智能机器人"。

Apple Siri

提到语音助手，很多人都会想到"Siri"。Siri 最早安装于 2010 年出品的 iPhone 4S 上（iOS 5）。这项技术最早是作为硅谷人工智能开发项目而被研发，2010 年被苹果公司收购。Siri 具备了之前提到的语音界面的六个基本功能，包括信息检索（搜索）、预约管理、通讯、多媒体播放器、机器连接、聊天和娱乐。

使用语音界面可以发送邮件或文字信息。比如，对 Siri 说"邮件"，邮件 App 便会启动。之后 Siri 会提问"发送给谁"，用户便可决定发送对象。用这种方法，向机器口述标题和内容，就可以发送邮件。也可以将内容和发送对象一同说出来，比如，"给松本发一封邮件，我要迟到了"。唤醒 Siri 一般需要长按 iPhone 的 Home 键，你也可以设定"Hey, Siri"作为唤醒口令。

Siri 支持使用语音界面实现各种功能，但最引人注意的还是 Siri 可以和使用者做一定程度的聊天。你可以让 Siri 唱歌，如果说一句"我累了"，Siri 还会给出各种答复。如果发出"模仿"指令，Siri 就会给你讲最近搞笑艺人的笑料。这都可以为你打发时间。并且 Siri 的语音识别引擎少不了行业王牌企业 Nuance 公司的技术支持。

Microsoft Cortana

2014 年，微软发布了 Cortana 语音界面，并将 Cortana 称为"假想助手"或"个人助手"，安装在 Windows 10、Windows Phone、Microsoft Xbox One 等设备上。实际上，iOS 和安卓也可以使用（免费）。Cortana 支持多种语言，包括英语、法语、德语、意大利语、中文和日语。以"信息检索"功能为主，提供天气预报、道路状况通知服务，也可以搜索菜谱。

微软曾经推出过一款十分有名的助理软件，那就是海豚助理"凯尔"和女性助理"讶子老师"，它们被应用于微软的办公软件"Office"上。帮助搜寻变成了角色形象，用户输入角色形象发出的问题后便会弹出相应答案页的链接。

由于每次进入 Office，助手便会出现在画面上，这使得用户产生反感，导致许多用户禁用了这一功能。因此，从 Office 2007 起微软便不再提供这个功能了。这一功能摇身一变，成了支持语音界面的 Cortana，并在 Windows 上得以复活。

Google Now

2012 年，谷歌在安卓平台上发布了个人助手 Google Now（现已登陆 iOS）。正如它的广告语"实时给你提供量身定制的信息"所言，机器能够学习用户的习惯，能够全天候结合用户的喜好和行动提供高关联性的信息。

每个信息都表示为一张"Now 卡"，机器会学习用户个人的行动并做出通知，以及删除不需要的卡片，比如现在的时间、天气预报、赛事结果、（目前位置的）交通状况、航班情况、灾害信息、附近的拍照胜地、末班车信息、生日提醒等。由于学习个人行动习惯并做出通知的个人助理功能极为强大，因而语音界面的用途反而被忽视，但和其余服务一样，检索和时间设定都可以使用语音方式。之后将要讲到的谷歌智能音箱"Google Home"也一样，都使用"ok, Google"作为唤醒词（服务启动口令）。

并且，由于 Google Now 的 Now 卡太多会影响查看信息，因此信息会被分为"Feed"和"Upcoming"两类进行整理。"Feed"包括你感兴趣的新闻、博客、体育赛事结果等，而"Upcoming"包括预订表、酒店、航班资讯等个人信息。

对话精灵

2012 年，NTT DOCOMO 针对智能机开发了服务助理"说话精灵"。它具备了语音界面的六大基本功能（信息检索等）。

"说话精灵"和其他语音界面有质的区别，它提供的额外服务就是，其本身是有虚拟角色的。最初的虚拟角色是羊形的"羊管家"，现在已经发展到了几十种虚拟角色。这些虚拟角色的声音和台词都不相同，用户可以自由选择。除了哆啦 A 梦和名侦探柯南等有名的动漫角色外，明星、偶像、声优，多种角色任用户选择。选定的角色会在手机画面上浮动，并可与用户做简单交流。

对话精灵支持自然交流的基础技术（语音识别、意思理解、信息检索等）都来自 NTT 集团，因此说话精灵可以说是纯日本语音助手（引擎本身支持英语等多种语言）。

Yahoo！语音助手

2012 年雅虎发布了"Yahoo！语音助手"，免费投放安卓平台。用户发问后，Yahoo！会进行查询并以语音回答。其主要功能包括"信息检索（搜索）""预订管理"以及"通讯"。同时 Yahoo！语音助手也支持以喜欢的食物和人为主题的简单谈话。并且，语音识别引擎是雅虎独立开发的深度学习引擎"YJVOICE"（2015 年 5 月开始）。语音合成则使用了"AITalk"。

智能音箱

作为语音对话机器的代表，"智能音箱"如今备受瞩目。

智能音箱配备了之前提到的"语音对话助理"（语音助手），可以播放音乐、添加预订、进行搜索。在日本，智能音箱也被称作"AI音响"，但英语国家则不常使用"AI"一词，也不会在音响说明中标注使用了AI技术。

下面介绍几款智能音箱。这些产品都需联网支持云服务，即便用户不为设备更新，后台服务也会自行优化。语音识别以及意思理解这些处理基本都在云端进行，之前不能处理的问题，经过优化可能今天就能处理，智能音箱这日新月异的进步令人瞩目（本书内容以写作时为准。最新消息请关注官方网站）。

Google Home

2017年10月，谷歌发布了智能音箱兼家庭助理"Google Home"及迷你版"Google Home Mini"。两款设备相比，Google Home Mini的音质稍逊一等，但基本功能没有区别。唤醒词（魔术词）为"OK，Google"或者"嘿，谷歌"，一旦发出这些口令，音箱便进入接收语音指令状态。这款音箱具备了除"通讯"功能之外语音界面六大基本功能中的五种（"信息检索""预订管理""多媒体播放器""机器连接""聊天和娱乐"）。

这款音箱支持提供谷歌面向消费者的几乎所有服务，比如音乐服务的"Google Play Music"，预订管理的"Google Calendar"，照片保存管理的"Google Photo"等。特别是信息检索、搜索（答疑）方面，这款音箱具备了谷歌强大的搜索功能，从语言、单位、事实信息，到新闻、动物叫声，用户可以获取广泛的语音信息。

如果用户持有谷歌"Chromecast"，则可以连接 Chromecast 播放视频和音乐。即便没有 Chromecast，只要有支持 HDMI-CEC（Consumer Electronics Control）的电视（需要事先登录软件），就可以发出"打开电视"等指令，实现控制电源、音量调节、节目点播等操作（截至 2018 年 2 月，视频服务已经支持奈飞、YouTube、AUvideopass，但尚不支持 Hulu）。

如今这款音箱也开始支持日本独立开发的服务项目，包括"乐天食谱""Tabelog""SUUMO"等。只要发出"OK，Google，打开乐天食谱"，并告知食材为茄子、青椒、洋葱，机器便会提出建议："你可以制作茄子咖喱。"向机器提问："别人家吃什么？"机器便会回答："似乎在做甜汤。"在你不知道做什么菜的时候，机器同样能给你提示，它能根据具体食谱为你提供做法。连接"Tabelog"后，你对机器说"OK，Google，我想和 Tabelog 说话""搜索目黑附近的猪排店"，便能实现店铺检索。

Google Home 是全家都可使用的产品，最多可以支持识别六个人的语音（Voice Match 功能），且语音登录十分简单。只要将唤醒词"OK，Google"和"嘿，谷歌"各朗读两遍即可实现语音识别。个人信息、日程表、照片服务也会随着语音发出者的变化而切换。

虽然 Google Home 能够实现诸多功能，但却不支持电话、邮件等通讯功能和购物功能（目前）。

Amazon Echo

2014 年，亚马逊发售了智能音箱"Amazon Echo"（第一代），2017 年又出品了第二代产品。2018 年 4 月 3 日起，"Amazon Echo""Amazon Echo Plus""Amazon Echo Dot"这三款产品在日本公开发售。虽然三种产品有着巨大的差异，但外形都是圆柱体，语音功能也大致相同。目前国外已经开始发售带有液晶显示的"Amazon Echo Spot""Amazon Echo Buttons"和"Amazon Echo Look"等机型（截至 2018 年 2 月，暂未确定在日本发售）。

Amazon Echo 搭载了同为亚马逊出品的语音助手"Alexa"，唤醒词为"Alexa"（唤醒词也可以替换为"亚马逊""echo""电脑"）。Amazon Echo 的主要功能包括语音界面六大基本功能中除了通讯功能外的五种（"信息检索""预订管理""多媒体播放器""机器连接""聊天和娱乐"）。因其在功能上和 Google Home 基本相同，很多人会在"是买亚马逊的还是买谷歌的"问题上游移不定，于是上网搜索哪款表现更为出色。

由于亚马逊支持云服务，因此支持音乐服务"Amazon Prize Music""Amazon Music Unlimited"以及照片管理服务"Prime Photo"。这款音箱也支持朗读新闻和书刊。此外，还支持食谱服务"cook pad"、广播服务"radiko"、驾驶信息服务"EKISPERT"、英语学习服务"AEUKU 英语 QUIZE"等有名的日本软件。

这款产品的特点是具备了其他公司产品不具备的购物功能，用户可以使用语音在亚马逊网上商城购买商品（截至 2018 年 2 月，日本只有亚马逊会员才有资格享受该服务）。用户发出"Alexa，我想喝可乐"指令，音箱便会提供备选商品，比如，"首先为你搜索到的是 500ml × 24 塑料瓶可口可乐。含税合计 2100 日元，需要购买吗?"之后便可以开始购买，不到一分钟即可完成下单。如果注册了购物卡，之后便可以在手机等终端上确认支付。

这款产品虽然很方便，但也带来了问题。儿童可能在父母不知情的情况下偷偷购物，买到大量本不需要的商品。因而，目前允许设定密码，密码错误则不能下单，但 Amazon Echo 的购物功能也可能会被叫停。

Alexa Skill 扩展 Echo 功能

Amazon Echo 的强大之处在于支持 Alexa 功能由第三方或个人开发者自行拓展的解决方案。使用"Alexa Skill kit（ASK）"开发"Alexa Skill"程序并注册，便可拓展 Amazon Echo 的功能。

Skill 程序和手机 App 十分接近，目前世界上已经开发出了 25 000 多款，日本也有 300 多款发布。大型企业也开始加盟，比如，提供出租车服务的"全国出租"开发的可爱的"小柴豆"，它可以讲名言和模仿海浪、鸟叫声。2018 年 2 月，日本亚马逊发布了日本 Alexa Skill 榜排名，第一名是"radiko.jp"、第二名是"皮卡丘 talk"、第三名是"LinkJapan"，其后依次为"小柴豆""cookpad""EKISIRITORI""野村证券"等。如今，每月都陆续有实用、娱乐休闲类 Skill 出现。

对于 Amazon Echo 用户来说，如何唤醒这些日益增加的 Skill 是一个问题。"Alexa，打开 J-WAVE，我要读新闻""Alexa，打开三井住友银行，调我的明细表""Alexa，打开全国出租，叫一辆出租车"，用户一般使用 Skill 固有的名称进行启动。

关于语音识别，使用的虽然是美国亚马逊的"Alexa Voice Service"（AVS），但有报告称，日语识别率"比 Google Home 的精确度稍低"，希望今后的精准度能够提高。

LINE Clova

2017 年 10 月，LINE 发布了智能音箱"Clova"。当时发售了两款产品，一款是圆锥形的"Clova WAVE"，一款是圆柱体支持虚拟角色的"Clova Friends"。两款产品的区别是，Clova WAVE 搭载了 20W 低音炮，适合重视音乐播放音质的用户。Clova Friends 则专门搭载 LINE 通话功能和无线网络

标准 "802，lla"，如果你偏好这些功能，推荐你选购 Clova Friends。

唤醒词为 "Clova"，该产品支持连续对话，直到用户发出 "拜拜" "谢谢" 指令。该产品支持语音界面全部六大基本功能（信息检索等），并支持 LINE 的各种服务，包括音乐应用 "LINE Music"、新闻应用 "LINE News"（可朗读）、通话信息应用 "LINE" 等。

此外，本产品还支持连接家电，通过红外线遥控可以操作电视和照明设备（仅限支持红外线操作的家电）。通过 "讲一个日本传统故事" "播放落语"[①]，可以让机器朗读童话、故事，播放落语等。通过 "×× 是什么" 指令，机器会回答："为你在维基百科上搜索到 ×× 是……" 多数搜索答案来自维基百科。这款产品的语音识别及自然语言处理引擎并未公开。根据用户报告，这款产品的语音识别精确度尚不够完善，有待日后加以提高。

Apple HomePod

2018 年 2 月，美国苹果公司在欧美地区发售了智能音箱 "HomePod"。遗憾的是，在我写此书的时候，这款产品还未决定在日本发售。HomePod 搭载了苹果公司的语音引擎 Siri。

---

① 类似日语单口相声。——译者注

这款产品最大的特征是音箱功能，即拥有语音播放的专门设计和品质。这款产品高 17 厘米，宽 14 厘米，呈柱体结构，底部有七个扬声器呈环状分布，每个扬声器都有放大器。扬声器上装有多个 Siri 的麦克风。这款音箱属于 360 度全方位型，由于配有低音炮，低音表现优异。下面说明一下苹果公司的音响功能。

由于 HomePod 装有多个麦克风，因此能够自动分析设置位置的音响状况，将音乐的本音和场景音区分开来，本音朝房间中央和说话人，环境音通过左右的扩音器通道扩散播放，因此音质十分卓越（来自美国苹果公司官网）。通过国外试用报告，其音质比其他公司的产品"好得多"，可谓备受好评。

包括语音识别在内的语音助理功能由 Siri 承担，唤醒词为"Hey，Siri"。本品具备语音界面六大基本功能中的"信息检索""多媒体播放器""预约管理""通讯"这四种功能。所有支持应用几乎都是苹果公司。使用必要的音乐播放器"Apple Music"和"Spotify"等外部服务都需要将 HomePod 连接手机，并通过手机上的 Ariplay 进行使用。并且，部分试用报告称，信息检索功能的回复率比其他公司的产品要低得多。

现在 HomePod 的功能和手机相比，更注重音箱功能，这是一款和其他公司迥然不同的产品。今后苹果公司还将推出支持立体像对和多扬声器同时发声的 multiroom 功能的产品，十分适合重视音乐体验的用户使用。

AI 机器人

近年发售的机器人都开始支持语音界面。笔者在这里介绍的是除了工业机器人之外，能在日本国内买到的、面向一般消费者的支持语音界面的 AI 机器人。大多数机器人的开发应用软件都是单独销售的，可支持开发独立会话应用。

Pepper

2014 年 6 月，软银出品了感情识别仿生机器人 "Pepper"。这款机器人可以做店铺前台，数字显示器可以用来做商品促销等工作。

Pepper 是人形机器人，面部两侧有耳朵造型的部件。这其实是扬声器。相当于耳朵的麦克风其实装载于头顶的四个位置，分别位于右前方、左前方、右后方、左后方，因此可以按照声音传播速度测定音源方向。只有在 Pepper 的耳朵和眼睛按照圆轨闪烁蓝灯时才可以和 Pepper 说话（受话状态）。当机器人发出"嘟噜"一声，眼睛变成绿色时，它已经听到你的指令并开始理解了。它能通过对话时的人声识别感情。喜悦、悲伤、愤怒、惊讶都能识别。不只是声音，机器人还能通过摄像头捕捉解读人的面部表情。

这款机器人的语音识别引擎是来自美国 Nuance 公司的云端引擎，本身有很多限制，比如，开发者需事先登录自己的语音识别记录。语音合成则是采用了"AITalk"。Pepper 胸口搭载的 10.1 英寸显示器不仅用于显示图像和视频，同时还是一块支持触摸事件的触摸屏，本体也搭载点触式界面。

此外，Pepper 也支持开发者用软件开发工具包（SDK），可以轻松开发供 Pepper 使用的应用。

RobBoHoN

2016 年 5 月，夏普推出了智能机器人"RobBoHoN"。这款机器人身高 19.5 厘米，可以轻松携带。由于支持 4G 网络（第四代移动通信系统），可以当作普通手机使用。

RobBoHoN 支持安卓 OS，背后有 20 英寸触摸屏，但一般可以不使用点触式 UI，仅凭声音就可以进行操作。使用语音指令可以拨打电话、拍摄照片、设置闹钟或让机器人跳舞。

语音识别方法是在 RobBoHoN 眼睛颜色（眼睛边缘的颜色）呈黄色并缓慢闪烁时发出指令。使用者说话完毕后，机器人眼睛变成绿色，进入"听取"状态，如果一直呈现黄色，则表示"还是没听清"。本品可以通过眼睛颜色表示目前的状态。

在线云端语音识别采用美国 Nuance 公司的"VoCon

Hybrid" 技术，离线语音识别引擎采用了 Advanced Media 公司的 "AmiVoice" 技术，语音合成则采用了 HOYA 的 "VoiceText"，语音区间检测采用的是 Fairy Devices 公司的 "miniengine" 技术，因此这款机器人是融合了自家公司外的各家之长而实现语音对话服务的。

由于本体为机器人造型，手臂会配合说话内容啪嗒啪嗒地拍打，并且还会鞠躬等动作，产品目标就是实现说话、动作同时自然进行。由于本体搭载了摄像头，只要事先登录，就能够实现人脸识别等独特功能。比如和人打招呼，"啊！山田先生！"

KIROBO /KIROBO mini

"KIROBO" 是由东京大学机器人研究室、丰田汽车、日本电通等合作开发的机器人。它支持会话功能，体长 34 厘米，属于小型仿生机器人。这款机器人曾经作为机器人宇航员进驻国际空间站（ISS），和航天员若田光一用日语进行过交流。这其实是一个实验，就是测试这款机器人能否成为一直在空间站工作、身处独立状态的人们的精神支柱。

2017 年 11 月，丰田汽车发售了一款 KIROBO 的缩小版，身长仅 10 厘米的 "KIROBO mini"，这款机器人仅有人的手掌大小。由于这是一款能够随时陪伴在用户身边，和用户心灵沟通的 "小伙伴"，因此并未作为机器人进行发表。这款机器人的小型机身并未全部占用，一般经由手机专用 App 实现云服务、通讯与对话同时进行。因此，需要配备手机一同使用。

手机和 KIROBO mini 通过蓝牙连接。采用 FueTrek 公司的语音识别技术。这款产品和其他公司生产的 AI 机器人与对话助理的最大区别在于，本品可与汽车连接。如果在高速行车时突然急刹车，机器人会大吃一惊地说："哎呀呀呀，吓死我了！！"如果用户提问"汽油还剩多少"，它还会回答："肚子饿瘪了。"

此外，如果连接丰田之家的智慧家，在你锁门的时候也有相应会话。本品目前仅支持日语，官网称"不容易识别方言"。

unibo

2017 年 10 月，Unirobot 公司向法人发布了交流机器人"unibo"，2018 年开始发售家用版。本品身长 32 厘米，脸的部分是一块 7 英寸全高清显示屏，可以向用户显示机器人的"面容"。本品配备了红外线学习遥控，支持连接机器。

本品通过对话可以和用户学习，但由于这些都需要在云端进行，因而需要联网。用户记录并不保存在机体内，而是在云端保存，比如，设置在旅行目的地宾馆前台的 unibo 会根据用户信息进行对话（至少是形式上的对话）。

语音识别采用 FueTrek 公司的 "vGate ASR 系统"，语音合成引擎则使用了"AITalk"。2017 年 12 月，富士通发布了自家的机器人 AI 平台开始支持 unibo 的消息。这个平台配备了自然对话、面部表情识别、语音感情分析等 AI 技术（部分技术是富士通在其他公司技术的基础上自行研发的），今后有望实现更加符合用户个人状态及喜好的对话。

aibo

2018 年 1 月，索尼公司发布了犬型机器人"aibo"。上一代产品"AIBO"在 1999 年至 2006 年间销售，上一代 AIBO 实际上也搭载了语音界面。虽然能够识别的单词数量不多，但支持"向右""向左""停下"等动作指令。用户只要事先向 AIBO 录入声音，机器便可识别主人的声音。这款产品还支持跳舞等功能（仅限于给 AIBO ERS210 系列购买并安装 AIBO 应用的情况）。

2018 年发售的 aibo 也配备了语音识别功能。与上一代 AIBO 不同的是，aibo 的语音识别和图像识别使用的是索尼深度学习技术。用户发出"握手""坐下"等指令时，机器狗便会正确地完成动作。用户发出"看这边"的指令时，机器狗就会朝人声发出的方向转头。

刚一发售时，使用语音能操控机器狗完成什么动作完全没有发布。aibo 和主人在同样的环境下成长，学习主人的喜好，最终成长为主人独一无二的 aibo，这便是这款产品的魅力所在。因此，若想知道它的妙处，倒不如直接做它的主人，亲自尝试。

Xperia Hello！

2017 年 11 月，索尼移动通信公司发售了"能理解你的交流机器人 Xperia Hello！"。本体为圆锥形，这与其他公司的智能音箱十分相似，因此也有人把它当成智能音箱，但索尼对它的定位是机器人。

本品头部的摄像头有转动机关，还配备了充当眼睛的指示灯。机体配有一块 4.55 英寸，1280×720 高清液晶显示器，可以表示时间和播放视频。唤醒词为"嗨，Xperia"或"嘿，Hello"。功能主要包括"信息检索（搜索）""通信""机器连接"等，屏幕可以显示天气和新闻。一旦通过面部识别确认了"爸爸"，则会提供符合个人的信息，例如，"山手线停运"。本品支持使用 LINE 和 Skype 发送信息和接收信息。通过面部识别技术，发给"妈妈"的信息会在妈妈在场时进行朗读。本品还附加了索尼的安卓系统电视机"布雷维亚"操控功能和广播功能（Radiko 应用功能）。

"监视"（守护）功能是这款产品区别于智能音箱的功能。在你外出时，这款产品可以作为监视摄像机使用，你可以通过 LINE 检视影像，从而确认家中状况。据索尼公布，语音识别和面部识别采用的是其独立研发的技术（索尼智能代理技术）。

导航机器人 Airstar

恰逢 2018 年 2 月平昌冬奥会，仁川国际机场设置了韩国 LG 公司的机器人"Airstar"。这款机器人能够完成咨询工作，不仅支持韩语，同时支持日语、英语、中文的语音识别。机器人头部搭载触摸屏，支持点触式界面操作，Airstar 会主动为用户领航。

这款机器人支持的界面和数字显示器，在日本的东京奥运会、残奥会上同样有望大显身手。

支持语音辨认功能的智能家电

最近支持语音识别的家电越来越多。这里笔者向诸位介绍扫地机器人和智能电视。

COCOROBO

夏普推出的机器人家电"COCOROBO"配备了语音识别引擎，可以和用户进行会话。用户对机器人说"早啊"，机器人会回答"早上好"。用户发出"打扫干净"，机器人会回答"知道了"，并开始扫除。扫除过程中，COCOROBO 还会发出"啊哟哟""我回来了""我过去了"之类的应答。

由于本机使用了"COCOROBO Voice Maker"程序，因此可以选择日本关西方言或英语、中文等外语。并且，由于用户可以登录自己的声音，因此本机可以模拟用户孩子的语音。此外，COCOROBO 的语音识别只能识别预先设定的语言（RX-V95A 约 30 种）。COCOROBO 在扫除过程中不能进行语音识别。

Roomba

美国 Irobot 公司发售的扫地机器人"Roomba"虽然没有语音识别功能，但 2017 年 11 月开始这款产品可以和"Google Home""Amazon Echo"智能音箱连接，使用"ok，Google，用 Roomba 扫除"即可完成扫除。Amazon Echo 同样支持这种操作。此外，它也支持扫除以外的口令，此时机器会提示"你想使用 Roomba 做什么"。

电视

索尼布雷维亚以及松下 Viera、韩国 LG 等电视机品牌旗下的部分机型都开始支持语音操作。这些机型的遥控器上附有麦克风，借此完成遥控操作（换台、调节音量、打开应用、媒体播放等），不仅如此，用户还能通过语音实现各种检索功能。例如，"在 YouTube 上搜索 ××"或"查询纽约时间"等检索。

虽然调节频道使用遥控按键也很快捷轻松，但在进行类似文字输入检索或从目录中进行搜寻等操作时，语音就显得极为便利了。说不定各位读者家的电视也是支持语音的机型，只是平时不使用这个功能罢了。诸位有兴趣的话，可以确认一番。

游戏机

新型家用游戏机中也有许多机型开始支持语音识别功能，但不是所有厂家的机型都支持语音输出，因此与其说是对话，倒不如说是用语音方式替代部分遥控器操作功能。这种操作一般需要游戏软件支持口令型输入（口令长度短，并且口令词汇预先设定），但我相信今后会有更多支持自然对话的游戏上市。

PlayStation

2013 年 11 月，索尼互娱发售了"PlayStation4"（简称PS4），这款机器同样配备语音界面。虽然不是很多人知道，其实这款机器支持在待机画面等情况下可以使用语音进行操作。由于这款机器的语音仅用于操作，因而不支持语音答复。使用语音输入需配合耳机（购买 PS4 附送带麦克风的头戴式耳机或耳塞一副）或"PlayStation Camera"的麦克风使用。

唤醒词（魔术词）为"PlayStation"，发出此指令随即进入语音识别模式，接着报出游戏名即可开始玩游戏。此外，也支持关闭电源等操作。游戏中发出"截屏"指令，即便手握手柄也能简单完成截屏操作。发出一次唤醒词，机器进入语音识别状态后可支持短时间内的连续识别，即不需要每次操作都要说一次唤醒词（见图4–2）。

提示　　　　　　　　　　条目名（口令）提示

无唤醒词识别剩余时间（进度条）

定期唤醒词提示

语音操作前请发出"PlayStation"指令

说出唤醒词"PlayStation"

开始游戏 截屏说出游戏名即可开始游玩

发出"战争前线2"指令进行识别

星球大战：战争前线2

错误提示

没有听清，声音太大

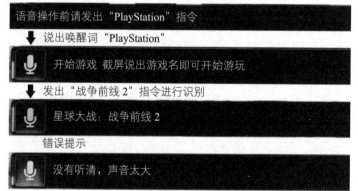

图 4–2　PlayStation4 的语音 UI

我在过去工作时参与了 PS4 语音界面和 UX 设计（客

户体验设计）的开发工作，并发布了这项技术。由于保密义务，本人在这里不能详尽说明，但本人的确经历了语音界面研发的个中难处。特别是 PS4 发售当初需要支持六国语言（英语、法语、德语、西班牙语、意大利语、日语），因此语音界面也需要相应地支持这些语种。游戏机必然配备手柄，游戏正是要玩家能够灵活操控手柄。如今的游戏手柄一般都有 15 个以上的按键，游戏也要求玩家能迅速反应，随心所欲地驾驭这些按键。比起这样的手柄，语音界面的优势就不容忽视了。语音界面开发的难处，笔者将在其他章节展开，这里只希望各位 PS4 玩家尝试一下语音操作。语音识别会为你进行选取及启动游戏等操作，相信这会让你大吃一惊。

Xbox One

2014 年，美国微软公司发售了 "Xbox One"。Xbox One Kinect 感应器是游戏机本体的附属品，通过和本体连接便能实现语音识别功能。我们一般认为，Kinect 是一款集人脸识别、人体骨骼运动检测[①]功能的感应器。其实它配备了多列阵麦克风（多个麦克风集合收纳方式），支持语音识别功能。

Xbox One 发售之初，并没有和 PS4 一样的语音输入加语音回复，而是只能通过语音指令进行语音操作。具体来说，

---

① 体感游戏时使用。——译者注

就是仅支持"返回 Xbox 主界面""Xbox 播放"和"Xbox 快进"等口令。之后开始支持搜索助理必应（bing），而现在已经支持使用 Cortana。至此，Xbox One 已经不仅支持一般操作，并开始支持如"小娜，网上搜索 Xbox One 的新闻""小娜，给加斯明发邮件"等指令，用户可以用它进行检索或使用 SNS。用户还可以对机器说："小娜，查询微软股价。""小娜，这个周末下雨吗？"等，用以获取金融信息和天气情况，本品支持 Cortana 的几乎全部功能。

为了做好区分，语音识别时的唤醒词（魔术词）为"小娜"，而使用传统的语音指令时的唤醒词为"Xbox"。

人面鱼

"人面鱼"是 Vivarium[①] 在 1999 年为世嘉 DC 游戏机开发的一款名为"人面鱼：禁断的宠物"的游戏，随后该游戏又发布了 PS2 版。这款游戏的主要内容是在水箱中饲养名为"人面鱼"（游戏架空生物）的传说生物。人面鱼因外表怪异，口气狂傲，态度自大，一时间人气爆棚。

这款游戏的最大特征就是支持使用语音界面进行游玩。使用内置麦克风的人面鱼专用手柄，玩家可以和人面鱼进行对话，可以用它饲养宠物。普通手柄也可以操控水族箱的温度高低等。

---

① 日本游戏开发公司，现在的名称是合并子公司后的名称"OPeNBook"。——译者注

　　玩家对麦克风发言后，小鱼阶段的人面鱼会回复一串听不懂的语言，或者模仿玩家说的话，但随着人面鱼的成长，它开始能够使用男声和玩家谈论玩家的苦恼之类的内容。人面鱼还会记录玩家的年龄、性别和职业，并进行相应的提问。人面鱼问玩家"工作很麻烦吗"，如果玩家回答"嗯"，人面鱼则会对玩家进行说教或者说出金句，比如，"你未来渺茫的原因就是你自己老是嫌麻烦！"

　　因为这是一款老游戏，所以语音识别全靠软件进行，能够识别的单词量相当少。按理说，既然可识别词汇少，就应该公开口令表，但人面鱼这款游戏却根本没有这样做。因此，在发生语音识别错误（误判或不能识别）时，人面鱼会说"你说的都是什么？累了，我去睡了"，即系统会自动忽略玩家的发言，这可是前所未有的形式。人面鱼开发者斋藤由多加表示，支持识别的词汇增多则识别率下降，这只会让玩家徒增烦恼，在遭遇这种困难的时候，选择以不能识别作为理由，将责任转嫁给玩家的这个决定，本身就有赌一把的成分。结果玩家却态度温和地使用诸如"对不起！""喂喂，人面鱼！"等简单语句进行会话，因此反而又被人面鱼识别出来。

　　人面鱼的特征是以对话和诱导玩家的方式巧妙隐藏技术上的不足。自人面鱼发售已经过去了近 20 年，但遗憾的是至今都没有一款支持和游戏角色对话的游戏大获成功。

loveplus

"loveplus"是 2009 年由科乐美公司面向任天堂 DS 掌机推出的一款恋爱互动游戏。玩家会扮演一名高中生，和游戏中的女性角色体验恋人间的日常。这款游戏和以往的恋爱游戏截然不同，虽然基本操作还是离不开按键和触摸屏，但游戏保持和女性角色对话的模式（loveplus 模式）。游戏角色会用语音形式回答如"你喜欢我穿什么样的衣服""你喜欢吃什么""你会把我比作什么动物"等问题。这些语音是事先录制的，因此不使用语音合成技术（也可能是使用声优录音音源加工而成）。此外，语音识别也不在云端进行，因此能识别的词汇不是很多。

其他

Dragon Drive

世界著名语音识别技术企业，美国 Nuance 公司发布了车载语音识别解决方案"Nuance Dragon Drive"。本品整合了云端语音识别、自然语言理解、语音合成引擎等技术，支持语音操作，轻松实现播放音乐、调节车内空调温度以及住所、停车场导航、编辑信息和天气、日历等信息检索功能。

比如，用户说"我想喝咖啡"，系统便会显示最近的咖啡店或餐厅；用户还可以对系统说"给松本发一封邮件，我遇到堵车，可能稍微晚到一些"，系统便会替用户发送短信。用户还可以对系统说"胎压正常吗"，用语音操作来控制车况检测。

Dragon Drive 现在已经在宝马、奥迪、福特以及通用汽车的部分车型上得以应用。

此外，在 2018 年 1 月举办于拉斯维加斯的 CES2018 展会（The International Consumer Electronics Show）上，美国 Nuance 公司发布了 AI 的新功能。系统可以检测驾驶者的视线，驾驶者则可以用语音对自己目之所及的车外地标和事物做出提问，例如，"那家餐厅评价如何"；并且这套系统还可以与 Nuance 公司开发的虚拟助手"Nina"连接，驾驶者可以在车内管控家中空调、照明等设备。这套系统可以根据实际情况相应地提供信息，比如，与车内传感器连接后，驾驶者对系统说"搜寻停车场"，降水传感器一旦探测到下雨，在备选停车场列表中会优先推荐室内停车场。有消息表示，该功能将在同样出展 CES 的"TOYOTA Concept- 爱 i"自动助理上得到应用。

小结

笔者大致介绍了一些使用语音界面的产品和服务。不论是语音助理还是智能音箱，它们都具备语音界面的六大基本功能。但是这些产品的巨大差距何在？

　　说到底，语音界面是连接用户和语音助手的一架桥梁，实际上，不论是语音识别还是语义理解都要依托必要的服务来寻求答案。

　　也就是说，连接的服务项目不同，同样的问话可能得到不同的结果。例如，"明天天气怎么样?"网上有许多天气预报服务，也有很多公司提供自家的天气预报服务。这种服务（或产品）获取何地的天气预报信息，又是如何表现（回答）的，这些方面自然是千差万别的。用户也可以主动选择想要连接的服务（比较典型的例子是音乐服务）。

　　下一章，笔者将就这些产品和服务项目采用的语音界面技术进行说明。

第 **5** 章

语音界面技术

05 音声に
未来は
あるか?

　　第 4 章介绍的支持语音界面的商品，究竟使用的是什么样的技术呢？机器又是如何识别出我们人类发出的语音的呢？笔者在本章会做简单的说明。

　　虽然我们容易认为语音识别＝语音界面、语音对话，但不论是苹果公司的 Siri 还是谷歌的 Google Home，这类服务不仅仅是靠语音识别实现的。实际上，从人发声到系统给出反馈，中间要经历许多处理（见图 5–1）。从使用者发言开始，需要经过"采音信号处理""语音识别""语义理解""对话应答／对话生成"以及"语音合成"步骤。

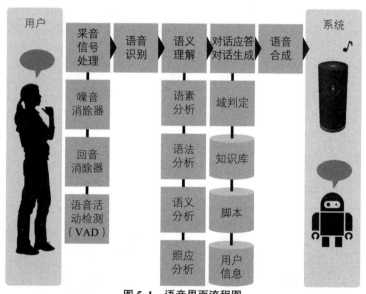

图 5–1　语音界面流程图

　　这些技术有很多种实现手法。其中还有部分功能，如果不使用一些稍微专业的词汇的话，恐怕就无法深入说明。虽然这些知识需要参考专业书籍，但本书旨在让没有知识储备的读者也能理解语音界面和语音对话概念。

那么就让我们从用户发言开始，一同探寻这一系列的过程吧。

采音信号处理

提起语音界面，首先就要说到"语音识别"，但在识别语音之前，必须要正确地采集声音，这就是"采音信号处理"。不论语音识别率多高，输入的声音如果都是杂音的话，精准度必然下降。所谓"采音信号处理"，就是极力排除杂音，采集清晰的语音信号。

噪声消除器 / 回声消除器

虽然采音设备是"麦克风"，但采音绝非单纯收集声音。我们很容易想象，人在实际发声过程中，所处环境会带有生活噪音和回音等杂音。因此，有必要去除这些杂音，只摘取特定的人发出的声音。这就需要能去除进入麦克风中的杂音的技术，即"噪声消除器"（去除杂音）。

此外，还有多人同时说话的场景。此时，我们使用音源分离技术，从各种混杂声音信号中摘取所需声音，即只摘取特定说话人的语音。同时，通过音源方向判定技术，机器可以推测声音发自哪个方向。如果右侧为最初发声方向，机器便会推定左侧的人声为别人的声音，右侧的才是现在的说话人（假设说话人未做移动）。一旦确定音源方向，其余的声音一般都会被判断为杂音（方向性杂音）而被消除，只有音源方向的声音才会被当作对象进行处理。这一功能被称为"波束形成"。

此外，消除说话人的声音反射（回声）的技术称为"回声消除器"，自动将声音修正成一定大小的技术被称为"自动增益控制"（Auto Gain Control，AGC）。通过这些技术，因离麦克风的距离以及说话人的不同而产生的声音的大小差异被平衡为容易识别的语音信号。

语音活动检测（VAD）

语音活动检测（Voice Activity Detection, VAD）就是检测用户实际说话区间的技术。这种技术用于检测、消除和发言没有关系的部分（生活噪音等杂音），进而免去多余的误读（见图 5-2）。

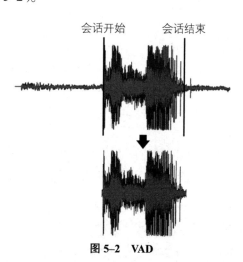

图 5-2　VAD

VAD 一般能够自动判断说话的"结束"。说话的"开始"很容易判断,那就是唤醒词(魔术词)的发出(或发言按键)。但从发出唤醒词(或按动发言按键)到说话人实际发言之间已经相隔了不少时间,因此有必要检测说话的开始时间。语音活动检测的精度大大影响之后语音识别的精度。在采音信号处理的过程中,这属于特别重要的一环。

采音信号处理中,能够识别谁在说话的技术被称为"发言人识别"。

这一系列采音信号处理不仅要依赖软件,麦克风的性能和设置位置也在很大程度上左右着这一过程。

语音识别

采音信号处理后就要进行"语音识别"了。所谓语音识别,就是将语音的空气震动转化为文字的技术。这也叫作 Speech To Text 技术。正如图 5–3 表示的一样,语音识别时输入的数据是一段相对于时间轴的振幅的波动(声音波形)。

我们可能会认为这个过程只需要把采音的波形和每句话的波形做对比,然后找出相似的部分就可以了,但事实并没那么简单。比如"KYOU"这个词,不同的人说这个词的速度很不一样,而且语调也不相同。再者,"KYOU"的读音有"今日""教"和"强"的意思,而波形可能也会随之产生变化。就算每个语句的波形扩大都有记录,寻找与采音取得的波形相似的波形也不现实。

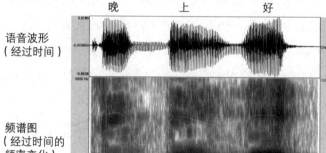

晚　　　　上　　　　好

语音波形
（经过时间）

频谱图
（经过时间的
频率变化）

图 5–3　语音声波和频谱图（频率特征）

　　因此，语音识别要使用容易抓住特征且是声音语言中最小单位的"音素"来进行分析。日语的音素包括 5 个母音：a, i, u, e, o；16 个子音：j, w, k, s, c, t, n, h, m, r, g, η, z, d, b, p；3 个特殊音素：N, T, R，共计 24 个主要音素（按照不同的语音分类方法，也有 23 音素和 25 音素等说法）。使用日语音素特征进行语音识别的方式叫作"音响模型"。例如，"今日（KYOU）"这个词，可以检测出它的音素模型接近于 ky 和 o，"ashita（明天）"则为 /a/sh/i/ta/。另外，英语是 20 个母音加 24 个子音合计 44 个音素，如果只算母音，法语有 16 个母音，德语有 17 个母音。实际上，这个步骤是从语音信号中分析各种带有特点的数据，计算它和什么音素相近。这套计算其实是采用了古老的隐马尔科夫模型（Hidden Markov Model, HMM）理论。

最近电脑处理速度加快，但对于音响模型的识别，就算有再多时间也是不够的，因此为了提高效率，需要同时使用"语言模型"。所谓语言模型，简单地说就是推测这个词汇和下个词汇容易接续的信息的方法。比如，机器识别出"我"这个词，那么就能推测出接下来可能是"是""的""要"等。因为不可能有"式"（我—式）和"耀"（我—耀）之类的接续，所以后一个字几乎不可能是"式"或"耀"。这和手机、电脑上的日语假名汉字变换的联想词和联想提示十分相近。语言模型虽有很多手法，但经常使用的还是"N-Gram 法"这种统计法。

如今的语音识别系统会将音响模型和语言模型混合使用，但提高识别精度的新方法也是层出不穷的。

语义理解

语音识别完成后，下一步就是理解语音的"意图"。为了理解意图，需要进行语素分析、语法分析、语义分析、照应分析等步骤（见图 5-4）。

语素分析

所谓语素分析，就是从使用自然语言的文章（文字数据）中分析语素（有意义的最小单位、单词），判别处理各个语素的词性等。比如，"明日は晴れますか？（明天是不是晴

天啊？）",可以判别它的语素有"あした/は/はれ/ます/か?"
即あした（名词）、は（助词、格助词）、はれ（动词连用形）、
ます（助词、masu 形、基本形）、か（助词、副助词、终助词）、?
（符号、一般）。分析判别名词和助词对下一步语法分析有很
大帮助。

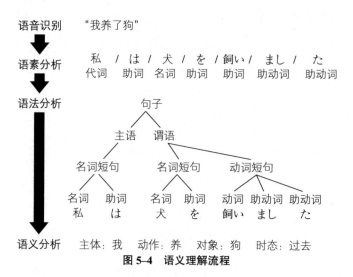

图5-4　语义理解流程

　　那么"うらにわにはにわとりがいる"（后院有鸡）的
语素分析又是怎样的呢？各位读者又是如何理解这句话的？
既可以是"裏庭には鶏がいる"（后院有鸡），也可以是"裏
にワニ、埴輪、鳥がいる"（后面有鳄鱼、埴轮、鸟）①这是
有多重意义的文字游戏，要分析这种语句的语素是非常困难
的，因为怎么解释都说得通。

---

① 两句话在日语中读音一样，因断句不同而产生歧义。——译者注

语法分析

经过语法分析后，就要寻找语句中各语素的关联（修饰—被修饰等），最终明晰其关联性，这道处理便是"语法分析"。语素分析的单位是词语，而对于句子整体来说，就要抓住"什么怎么做"或"什么怎么样"。也就是评判句子中词汇间的关联性，构造其关联性的处理。因此在语法分析之前，必须先要进行语素分析。

比如，"我的朋友好像养了一条粘人的约克夏犬"，对这句话进行语法分析，就要寻找它的从属关系（位置关系），就有了"粘人的—约克夏犬""我的—朋友""朋友—养了""养了一条约克夏犬"这几种。虽然日本人能不假思索地理解"粘人的朋友""粘人的我"之类的从属关系是不存在的，但我们必须让系统也能正确地搭建从属结构。

语义分析

下面就要进行语句意义分析的环节了。在读到"用手机摄像头拍下了游泳的她"这句话时，日本人不会理解为"用手机摄像头游泳的人"，而是能迅速理解为"用手机拍照""照的是游泳的女孩"。因为人能够理解句意。如果我们不理解句意也不懂语法规则，就可能理解为"拍下了用手机摄像头游泳的她"。语义分析就是使用知识和规则正确理解语法。

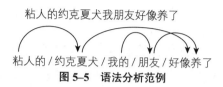

图 5–5　语法分析范例

照应分析

照应分析即推定照应词（代词或指示词）的指示对象，引出省略的词语。也就是推算"他""这个""这种"之类的代词和指示词究竟指的是什么。下面我们会简单地给各位说明一下。

山田今年考上了大学，于是搬到了东京。他今天为了买人生中的第一台电脑而去了秋叶原。那里有许多新款机器，结果他不知道该买哪一款，最后浑身疲惫地回家了。

这一段中，代词"他"指的就是"山田"，指示词"那里"指的是"秋叶原"。"浑身疲惫地回家了"的部分，是零代词。所谓零代词即省略代词，这里省略的是主语"山田"，全句应该是"最后（山田）浑身疲惫地回家了"。人们在会话或阅读文章的时候，要把握理解这些照应具体指的是什么。电脑在处理自然语言的时候，正确分析照应关系也是十分重要的。

对话应答 / 对话生成

到了这一步，用户所说的内容已经被机器理解了，这便是"自然语言理解"（Natural Language Understanding，NLU）。之后便可实现人机"对话"。其中，在特定领域内的对话称为"封闭域对话"，闲谈等对话则称为"开放域对话"。

封闭域对话

所谓"域"，指的就是作为对象的一个领域，比如餐厅、天气、音乐等。对于这些域，则有拉面、法式、东京都、纽约、迈克尔·杰克逊等"域固有词"。搜索餐厅、查询天气预报、播放音乐等，都被称为"域任务"（见图 5-6）。有了域固有词和域任务，就能一定程度地指定一个域。

决定域后即可"赋值"

在实际处理中，机器会以用户发言中的"域固有词"和"域任务"来推定域，再通过推定域来确定对话必要的信息，最后将这些都推定出来进行对话。以域为基础，将对话中必要的信息填入空格（值）中，就叫作"赋值"。

比如，"给山本发邮件：我要迟到了"，这句话的域就可以作为邮件。邮件必有"收件人"和"内容"两大要素，而通过自然语言理解，机器需要能够提取出"收件人 = 山本""信息内容＝迟到"。同样的道理，用户说出"放爱莉安娜·格兰德的《美女与野兽》"时，机器就知道此时的域为音乐。如果机器能够清晰理解"放"就是"播放"的意思，那么之后就只需要提取出"艺术家名""专辑名"等信息就可以了。此外，如果推测出域为天气的话，只要有了"何时""何地"等信息，就可以在网上搜索天气预报，并将结果答复给用户就可以了。如果用户所说的内容中不包含"何时""何地"，就要把"何时"定义为"明天"，"何地"定义为预先登录的用户所在地。或者由机器提问"你想知道哪里的天气"，由此来做赋值。

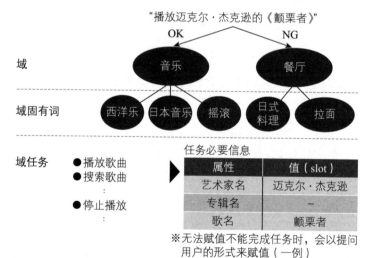

图5-6　封闭域

对难以推定域的对话的处理

如果机器能从发言内容中找到域（服务），就能得知必要的项目和任务。这类结合域的特定对话叫作"封闭域对话"。这种对话系统叫作"域判定 / 域选择型系统"。而之后要说明的、聊天式的、没有固定话题的对话则被称为"开放域对话"。

上文提到"有了域固有词和域任务，就能一定程度地指定一个域"，但遗憾的是，人类是不会对系统说这么容易理解的内容的。有时候，用户所说的内容令机器难以判定域。比如，音乐正在播放的时候，用户想要切换成森高千里的《雨后初晴》，这时用户会说"雨后初晴"，又会发生什么状况呢？由于域判定系统检测出有天气相关词汇，机器可能会播报天气预报（我们不知道智能音箱会如何处理）。

正是因为我们知道会有这种情况发生，所以才会着力提高机器通过先前处理结果和对话记录推测域的能力。之前的例子里，由于已经在播放音乐了，机器就要优先按照与播放音乐相关的内容来做处理。我们正在努力开发这种系统。

开放域对话

类似聊天、不受话题拘束的对话称为"开放域对话"，机器会用和封闭域对话不同的方式生成对话。按照笔者独创的一种分类方法，这种对话可以分为"关键词型"和"机器学习的对话数据应用型"。

关键词型

它指的是输入某个关键词就会得到相匹配的答案的一种模式匹配（关键词匹配）。比如，"你好"对"你好"，"喜欢吃什么"对"甜瓜"。与庞大的数据库对话需要有脚本，虽然创设这些需要成本，但算法却很简单。这就像用户服务中心和呼叫中心一样，"只要回答包含这个关键词的问题或投诉就可以了"，对一对一的处理有效（虽然有数量限制）。此外，这种方法很简单，因而对于同样的问题大致也都是同样的回答。这种方法显得有些不自然，也有很多亟待解决的问题。

机器学习的对话数据应用型

它指的是事先为数据库准备几个回复套路，机器计算用户发言内容的相似度，再在数据库中检索相似度高的应答。由于回复套路的变数很多，因此趋近于自然对话。机器学习用的对话数据数量庞大（成对的问答），机器学习有了"教师"，由此便可以根据用户的说话内容，检索最为匹配的回答。

微软的会话机器人服务——高中女生 AI Rinna，虽然不支持语音对话，但作为机器学习的对话数据应用型服务十分有名。

语音合成

机器决定了如何回答后便会以真实的语音回复用户。这里使用到的技术就是人工制成人声的"语音合成"技术。一般来说，这是一种将文字转化成声音的功能，也被称为"TTS"（Text-To-Speech）系统。

语音合成技术的研发史最早可以追溯到 20 世纪 30 年代。按照技术种类大致可以分为"波形连接型合成"和"共振峰型合成"。

"波形连接型合成"是将能把事先录制好的录音切断的最小音波连接起来的方法。由于切断的单位（音、音节、单词、语素、句节等）和接合方法不同，其手段也是多种多样的。由于本来的音源就是人声，因此做出自然声音是很容易的，不过这也需要大量的音源，而且想要做出任意的音色十分困难。这也是这种方法的缺陷。

"共振峰型合成"一般不使用人声录音，而是以频率和音色人工合成声波。母音比较容易合成，但子音的品质却不很理想，大家应该也听过，那是一种类似机器人的声音。

"统计式语音合成方式"成为主流

这种方法有别于前两种，近来使用隐马尔科夫模型（HMM）技术的"统计式语音合成方式"成为主流。Nuance 公司的"Nuance Vocalizer"、HOYA 公司的"VoiceTextMicro"、谷歌的"Google 语音合成"、FueTrek 公司的"语音合成引擎"等，都用了 HMM 技术。此外，依托"DNN"（Deep Neural Network, DNN）等机器学习技术的模型也被广泛使用。并且，近来将"波形连接型合成"与"统计式语音合成方式"合而为一的混合方式也正处于研究阶段，暂未走向实际应用。

最近，以初音未来为代表的 VOCALOID 歌声合成技术也开始实现带有感情的语音合成。日语语音合成的现状是，合成技术主要能模拟出"正常""喜悦""愤怒""伤心"这四种感情（还可以加上"恐惧"或"快乐"，共五种感情）。感情、心理状态的不同，多少会对声音的大小、语速、音高产生影响。机器人或语音助理如果也能这样带感情地说话，就能实现接近人类的交流了。

小结

本章介绍了人类发出的声音是如何经电脑处理的，并简单说明了其中所使用的是何种技术。本书并非技术解说书籍，目的在于让读者大致理解语音对话的实现是采用了何种技术。机器通过采音技术到语音识别、语义理解等语言分析步骤生产对话，最终结合语句用语音合成进行发言。

如今，作为对话的重要一环，深度学习等人工智能基础技术的开发十分盛行。相信现在各位已经理解，我们在平常的对话过程中，下意识地会对语言进行理解和补充的部分，系统却需要仔细地逐一分析。

　　下一章将就语音界面的优势和问题进行说明。

第 **6** 章

语音界面面临的
问题

第 4 章介绍过目前市面上已经存在大量支持语音界面的商品。相信很多使用这些商品的朋友已经发现这些商品的一些不便之处了。正如第 5 章所言，语音界面虽然使用了许多最先进的技术，但其中的许多技术都处于发展阶段，因而会有些许不足之处。本章将总结语音界面的不足和面临的问题（见图 6–1）。

- 语音界面是一场传话游戏
- 何时说？说什么？怎么说？
- 不明现状的问题
- 尚不准确的语音识别
- 说话也费力
- 语音操作手法单一
- 唤醒词太俗气
- 不自然的自然表达问题（口语和书面语的区别）
- 对发声环境的依赖
- 发声前间隔过长
- 不能使用图画符和表情符
- 语音输入中无法处理中断和取消
- 不自然的"机器腔"对话
- 其他

图 6–1　语音界面的不足和面临的问题

语音界面是一场传话游戏

正如第 5 章所说，语音界面首先需要进行"采音"，之后是"识别"，通过这个顺序来理解用户所说的话，进而推断句意。如果采音时间精度很低，包含了一些失误，之后的识别和语义理解也不会改正这些失误，而是直接进行下面的步骤。这恰和传话游戏有异曲同工之妙。

传话游戏就是让参加者排成一排，先给第一个人传一句话或者让他看一幅图片，之后由这个人把信息用语言、简笔画或动作传给下一个人。比拼的标准就是最后一个人领会的语言、图画是否和第一个人一致。相信玩过传话游戏的朋友们一定有这样的经历，途中一旦有人把错误的理解传给下一个人，那么信息便再也回不到原本的样子了，而是越传越错。

语音界面也一样，比如语言活动检测出现错误，用户所说的话就会被切断，而直接传给语音识别系统。不论是环境噪音还是回音，抑或是在场他人发出的声音，语音识别引擎都会毫不在意地"照单全收"。通过语音识别摘选出的"文字化语言"之后又要经过语素分析、语法分析等自然语言处理步骤，但是机器不会设想其中会有错误信息。机器可能保持着信息的错误状态一直处理到最后，或者将其作为设想外的状况而错误地停止处理。此时，由于一开始的错误渐渐影响到之后的处理，系统便很难再判断错误是从何时出现、又是如何出现的了。这简直就和传话游戏如出一辙。

"现场环境问题""用户发言问题""发言内容问题"

问题可以大致分成"现场环境问题""用户发言问题""发言内容问题"这三大类。"现场环境问题"主要包括"周围杂音太多，机器难以听取""说话途中有人插话""麦克风前有阻挡物，不足以达到采音级别"等。用户发言问题则包括"发言时机不对""声音过大或过小""语速过快"等。最后，发言内容问题则指"提及系统不支持的功能（去做饭、飞起来看看等）""日语英语混合""涉及专有词汇和特殊单词""涉及词典中不存在的方言和行业用语"等。这些问题确实不容易检测出来，结果不论出现何种错误，系统都只是一概回复"我不知道""请再说一遍"或者"对不起，我不知道你在说什么"。

这样的话，用户不知道问题出在哪里。系统既然不能告知用户应该在何处做改正，用户便会十分沮丧，"我说什么它都不能识别（怒）""说多少遍都听不懂啊""说明白啊，到底哪里不懂嘛"，最后干脆将语音界面束之高阁。

另外，目前正在进行的研究课题是，让机器在遇到误判时能根据会话前文以及句子前后文的已识别词汇进行修正。

何时说？说什么？怎么说？

对于用户来说，使用语音界面需要面对的巨大问题包括"何时说、说什么以及怎么说"。

比如，你周末想去四国的宇和岛旅游，但是有些担心当天的天气，于是想问问智能音箱。虽然可以直接问："周末宇和岛的天气怎么样？"但肯定有人会想："单说'周末'的话它能理解吗？还是说'23日'比较好吧？"或者"还是说

'爱媛县的宇和岛'它才能告诉我正确信息吧?"总之，肯定
有人在面对系统时会考虑如何发问比较好。实际上，在你问
周末宇和岛天气怎么样时，系统可能已经误读，并给出"轮
岛是晴天"的答复。遇到这种情况，各位接下来将如何回复
系统呢? 估计诸位会想"它不知道宇和岛这个地名吧?"或
者"它不知道宇和岛的天气吗?"于是便会补充道:"四国地
区宇和岛的天气怎么样?"或者"爱媛县的宇和岛啊!"但到
头来系统还是会回复"我没听清楚，请再说一遍"。此时你
便会认为"再也不问它天气了，它弄不明白天气的嘛!"其
实用户只要不断尝试并学习各种指令，理解"这样说它就懂
了""这时候说才可以"，就能熟练掌握技巧，但我们不能保
证所有用户都积极地练习到这个程度，多半在此之前就厌倦
了，干脆不再使用。

解决方法在于"让系统发言"

解决这一问题的最佳方式是，设定系统对用户提问的回
答。无法听取的时候，你可以反问"你什么地方没明白"或
者"我要怎么说"等问题。这一点和人类之间的交流是一
样的。出现这个问题的原因之一是，开发人员过度期待用户
的发言会十分易懂。应该让系统说得更多一些，不要让用户
有负担，而要直接回复用户，这样一来就能诱导用户表达出
自己的意愿了。我们设想的对话脚本必须是这样顺畅的交流。

拿之前的例子来说，其实有一种系统在对话中主动询

问地点和时间的方法，比如，"你想知道哪里的天气?""你想知道何时的天气?""为你查询本周末 23 日的天气可以吗?""是宇和岛还是轮岛呢?"等。语音界面的优势就是能提供快捷方式，虽然一次性把所有信息传达给系统，而系统也能全部理解是最好不过的，但笔者却认为，根据状况的不同，用增加步骤的方式来推进对话是十分重要的。

语音界面的开发人员不仅要把这些作为技术问题去认识，并且还要把它们作为对话设计的问题来理解。

不明现状的问题

语音界面还会出现"不明现状"的问题。这也是语音特有的问题。

电脑即便中断操作也能理解"状况"

比如，我们在用电脑和手机编辑邮件的时候，有人跟我们打招呼，我们的视线可能会暂时离开屏幕。当我们再次把视线回到屏幕时，很容易就能知道邮件写到哪儿了。我们从视觉上能认知到画面正在显示着我们所写的邮件。换一个例子，在遇到必须按动按键才能继续的状况，因而中断操作时，"OK"和"Cancel"两个选项会一直停留在画面上，等到我们继续操作时，这两个选项还在等待选择，因而一目了然。

操作电脑时，我们会开启很多专用软件，预定管理就用日历软件，播放音乐就用媒体播放器，写邮件就要用邮件程序。虽然电脑可以同时做很多事，但如果开启专门软件，把它放在最前面，就表示"目前正在操作这个软件"。

语音界面没有"目前正在操作"状况

相比之下，语音界面不能以视觉形式表示"目前的状况"。人是看不到声音的，就算有表示状况的功能，由于语音界面支持同时实现多种功能，因而不可能"现在只接受和音乐播放相关的指令"或"进入检索模式，目前只听取提问"。

智能音箱在播放音乐时，用户也可以提问"富士山有多高"，当然也可以就音乐播放发出"加大音量"指令。这本来是语音界面的优势，但若不熟悉语音界面，难免疑惑"这种状况是否仍然支持对话功能"。这自然不是语音界面本身的问题，用户能否熟练操作才是重要的课题，因此将来有可能会得到解决。

比如，虽然电视机屏幕上不会显示本机功能，使用者却可以通过遥控器（播放中同样可以）选择自己感兴趣的频道。想要调节音量时只要正常操作音量键即可。即便操作图标会插入画面，但用户只要习惯了操作，就不会产生违和感。换句话说，就是 UI/UX 设计（体验设计）齐头并进，共同改善。

尚不准确的语音识别

现在我们来介绍一下语音识别精度。

有报告称众议院会议记录制作系统（使用语音识别自动生成文字的系统）的文字录入正确率是90%左右，有的会议甚至可以达到95%。2017年6月，中国百度公司发布了人工智能语音输入系统"Simeji"。报告显示，该系统的中文识别率为97%以上，日语识别率也能达到90%。世界著名语音识别引擎公司——Nuance公司推出的"Dragon Speech"系统对一般文章正确发音的识别率可以达到95%~99%（数据来自用户手册Q & A）。通过产品目录和发布资料，我们得知其他公司的语音识别技术，对顺畅清晰的语音的识别精度平均为80%~95%。

这些结果的前提条件是，环境安静且与麦克风距离合理、发音标准。实际上，受环境杂音、说话人和麦克风的距离和方向，以及说话方式（语速和音量等）的影响，识别率很可能低至50%左右。

比如，在预约表（日历）中添加日程时，语音输入"4月8日，大卖场"。这句话中的"大卖场"有可能被系统误读为"大卖茶"。即便是人类之间对话时，这个词也很容易造成理解错误。语音界面同样会出现这种失误。

此外，人类听取他人说话内容的文字误认率（Word Error Rate，WER）大约为5.9%，2016年微软发表称自家的语音识别技术已经达到同等（5.9%）标准。方言（本地固有语言）和流行语的识别虽尚不完善，但通过登录数据库进行学习后，其识别率明显提高。今后语音识别率还会不断提高，但就现状来看，仍然不够准确。

说话也费力

"语音界面使用语音操控，实在轻松。"这句话一半言之有物，一半却言过其实。正如第 3 章所言，语音操作可以实现快捷方式，这点确实让用户感到轻松，但对于人类来说，发声说话却有些"费力"。

比如，工作一天拖着疲惫的身子回到家的时候，如果是在科幻电影中，那自然是打开门说一声"开灯"，屋里的灯光便会应声而亮，但这真的很方便吗？如果"开灯"这句话的发音中夹杂了噪音，因而系统无法识别，用户就必须再重复一遍。可是重说一遍，倒不如直接按开关来得实在。再者，通过人体感应器，在人进入玄关的瞬间自动亮灯才是真的方便。

比起语音操控，还是手动更快捷、更准确。比如，我们操作触摸屏时，如果点击一次没被识别就会再点一次，而用语音操作，发出"打开"指令后，系统未识别就还要再说一遍。两者相比，哪种方法更麻烦？虽然答案因人而异，但我相信就现在的情况来看，语音操作还是更麻烦一些。

前边已经说过，语音识别还不是很准确。如果想让识别率提高，那就需要多多注意周围环境以及语法。实际结果出人意料，我们"不能轻松使用语音操作"了。不论是厂家还是消费者都应该认识到，"使用语音既轻松又便利"的想法过于乐观了。使用界面就是要具体问题具体分析。

语音操作手法单一

触摸屏和鼠标方便用户选定画面的任意位置，在地图上用触摸屏或鼠标指向一点是十分简单的，那么用语音来完成这一操作又会怎样？光标出现时如果要对系统说："上，再往上一点，哎，右边一点，对对!"这也太让人着急了。正在听音乐或看视频的时候，想稍微回放一下之前的内容，此时使用语音操作同样麻烦。使用鼠标的话，只要稍微调整一下进度条就可以回放，使用语音就无法进行这种操作了。虽然对于"回放 5 秒前的内容"之类的操作，使用语音更加方便，但是使用语音很难下达"稍微回放一点点"之类的指令。

用语音操作电影场景

电影《银翼杀手》(1982 年上映) 中，由哈里森·福特 (Harrison Ford) 扮演的瑞克·迪卡德曾经在一台叫作 ESP 的搜查用机器上仔细检查一张照片。他对机器发出语音指令，机器随即放大照片改变焦点，迪卡德最终取得了重要的线索。下面这段英文是《银翼杀手》中这一场景的台词（由于台词太长，故只截取部分）。

Move in, stop. Pull out, track right, stop. Center in, pull back. Stop. Track 45 right. Stop. Enhance 34 to 36. Pan right and pull back. Stop. Wait a minute, go right, stop. Enhance 57 to 19. Track 45 left. Stop. Enhance 15 to 23. Give me a hard copy right there.

"Move in"（靠近，放大）、"Stop"（停止）、"Pull out"（拖拽）、"Track right...stop"（向右，停止）、"Track 45 right. Stop"（向右 45，停止）——我们把这些都想象成真实的语音操作。其实这是非常难操作的。使用鼠标、手柄或是点触式界面，你可以随心操作，不论是寻找可疑点还是放大缩小，都要快得多。使用语音来进行上下左右、放大缩小以及移动这些操作，出奇地麻烦。这和让人替你挠后背的道理很相似，就好比"再往右一点，啊，下面，过头了"。在科幻电影中，使用语音界面的场景虽然能让人畅想未来，但很多情况下反而成了鸡肋，到底方便不方便，还是要看具体情况。

操作发话短的问题

对于语音识别系统来说，为了方便操作，需要非常短的指令，但正因为语句短小，才会出现误认而令用户大失所望。语音学和音韵学把音和句节单位称为"拍"。日语中的

"上""下""左""右"分别读作"ue""shita""migi"以及
"hidari",分别占两到三拍。同样的,日语的"横""纵""端"
都是占两拍。由于操作单一,由误认造成的失望就很容易造
成用户的心理波动。由于这种单一操作很可能需要反复多次
进行,而错误一旦反复出现,用户就容易产生"不想用了""用
不了"之类的情绪。

更糟的是,在语义理解上也可能出现误认现象。例如,
"上"(ue)指的是画面上方,还是层面的上层,系统无法辨别。
如果此时有标签为"#上"(#ue)的照片,系统可能会去检
索这些图片。虽然我们希望此时系统能够理解状况作出判断
(比如,上述场景中如果不涉及层,则系统默认为画面上方),
在人类都容易搞错的地方,系统自然也可能出现失误。

我们不能说语音不适合用来操作。比如,之前讲到的《银
翼杀手》的例子中,"给我复制一份""向左45"之类的具
体指示,还是用语音比较方便。它比较适合坐在沙发上边喝
果汁边看照片时的操作。

唤醒词太俗气

如果要和智能音箱或者对话机器人说话,必须先说出唤
醒词。每次要查询、发出指令或对话时,都必须说出规定的
唤醒词,确实很麻烦。

有时唤醒词很不自然

人类进行对话时，首先都会从呼唤对方的名字或者"你好""哎哎"等开始，一旦对话开始就不会再说对方的名字了。在开始和对方搭话时，特别是对话的时候，除了要呼唤对方的名字或昵称之外，还要用面向（脸和身体朝向对方）、靠近、指向对方等动作引起对方的主意。有时也会省略名字或昵称，只是面向对方道："替我开下灯好吗？"这样对方就知道这句话是对自己说的，便会回答道："好嘞，这就给你开灯！"

智能音箱和语音助手服务的唤醒词大体都是产品名或服务名。如果把它当成呼唤名字去理解，就不会感到不自然，但对话结束后，需要再次呼出唤醒词才能再次会话，回想人类之间的对话，这显然就不自然了。和人类之间的对话不同的是，我们和智能产品或手机对话时，需要呼出符合语音对话规则的唤醒词，因此现在的情况是，智能对话和普通对话多少还是有些脱轨的。

不说"OK"

此外，有些唤醒词本身太长而且不容易发音。还有的唤醒词本来就带有违和感。"Ok，Google"这个唤醒词对于英语国家来说应该没有什么问题，但诸位是否能从中嗅出一丝不妥？日本人或者以日语为母语的人，在和人打交道时的开场白是肯定不会说"Ok"的。对于日本人来说，"Ok"是回答对方问话时才会使用的。

随后，Google Home 为不习惯说"OK"的日本人推出了新唤醒词"嘿，谷歌"。看来还是这个唤醒词更合适。不过肯定也有不习惯说"嘿"的人吧？一个比较理想化的唤醒词是直接说"谷歌"，但如果家里有人正好说了一句"用谷歌……"或者电视里出现了"谷歌"这个词，那么机器就会被唤醒（误识别产生的误动作），所以"谷歌"多半不会被直接当成唤醒词了。

不过唤醒 Amazon Echo 只需要呼出品名"Alexa"即可，在普通的对话中，"Alexa"是不符合现状的。智能音箱一般会放在起居室或书房，这自然会让机器捕捉到电视和广播的声音，因此有时也会被自家公司的广告唤醒。因此，有些机型也支持多种唤醒词。用户可以根据喜好选择唤醒词，这多少会令人感到亲切一些。

所有人都希望能自由设定唤醒词。不过如果唤醒词设置随意，机器又时常处于杂音环境下，就可能不断出现连续识别误判（把非唤醒词误认作唤醒词，或把唤醒词误认作非唤醒词不做识别）的情况，这是一个非常困难的问题。就现状来看，这确实难以实现，但我们还是可以期待，在不久的将来，我们可以使用自己惯用的唤醒词。

提高采音精度

为什么必须使用唤醒词呢？第 5 章我们也探讨过"采音技术"，这一技术能尽量排除生活杂音，而截取说话人纯净的声音。唤醒词相当于用户对系统说"好的，现在开始我要和你对话，请做好识别"，这样能辅助系统更好地工作。

虽然我们希望系统能一天 24 小时不停工，对所有传入麦克风中的语音进行正确的信号处理，100% 正确地提供语音识别。但以目前的技术水平来说，还会有误识别和误动作的现象。起居室的智能音箱"听"到电视里的声音，可能会随意回复"好的，纽约明天天气晴"。深夜，当你独自一人在家，它也可能突然发出一声"已为你调低声音"。这些情况一般是系统把一些杂音，比如本例中的"静音"当成了有意义单词任意误识而产生的。这些便是"突发错误"。

如果不使用唤醒词，则可以使用按键触发会话的方法，系统发出"叮咚"之类的提示音，向用户提示开始语音识别。不论哪种方法，都比较容易推断语音活动的开始，但总有人觉得违和，因为这毕竟是和系统对话，与人类之间的对话体验还是不一样的。

不自然的自然表达问题

无疑，最近的对话助理和智能音箱与以往那些只能识别简单指令的产品相比，开始能识别更自然的语言了。比如，之前我们只能用分隔开的单词进行对话，如"涩谷""料理""意大利"，而近来系统可以识别诸如"涩谷附近有什么好吃的意大利餐馆啊"这样的自然对话，变得更加便捷了。虽然系统支持上述这类自然会话，但这其中也暗藏"陷阱"。笔者称这些陷阱为"电话留言问题"

焦头烂额的电话留言服务

我们想象一个场景：你现在想给朋友打电话，内容是要变更宴会的预定日程，你正在思索如何和对方说，才能迅速传达以上内容。当你拨出电话，遗憾的是朋友刚巧不能接电话时，只好启用电话留言服务。只听话筒里传来一句："我现在不能接听你的电话，当你听到'哔 –'声信号后，请留言，留言结束后，请按井号键（#）。"

诸位会如何留言呢？请你想象一下。此时我们可能会感到稍微有些紧张，希望先仔仔细细地打一遍腹稿再留言。比如，可以像下面这样留言：

我是小日向。下周同学会，由于尾田君等三人不能出席，宴会要推延到下下周了。因为我希望能早一点决定下下周的安排，请及时给我回复。

我们的腹稿虽然是这样，但实际上却不能说得这么周全。恐怕我们实际的留言应该是这样的：

啊 –，那个，我是小日向啊！咱们下礼拜那个同学会啊……那个尾田君他们几个说要出差，实在来不了……这样人数就太少了，所以得延期了。我给你打电话就是想问问你下下周有什么安排？我这边也挺急的，早点给我回复哦，再见！

我们的电话留言显得焦躁又不流利，留言内容的顺序也是乱七八糟的。

关注口语和书面语的区别

自然的说话方式就是人类的口语。但遗憾的是，目前的语音界面还不能完全识别、理解人类的自然对话。我们还是需要使用接近书面语的口语。在日常会话的选词用句中，我们会有意识地区分口头语和书面语的措辞。

其实学习外语的时候，也一定会学习口头语和书面语的分别，比如下面这个例子：

书面语：近来，一间房内只亮着一支蜡烛的 SNS 十分盛行。虽说画面让人感觉有些超现实，但很多人却表示"被治愈""让人放松"。

口头语：最近一间房里只有一支蜡烛的 SNS 很流行。虽然画面挺超现实的，但是有不少人说"被治愈了""心情放松了"。

我们可以发现在细节部分的措辞差异。我们在说话的时候当然使用的是口头语。人在实际交流过程中，不会完全按照正确的语法说话，因而不会十分流畅（如"然后""嗯""啊""那个""就是""后来"等,这也叫作"补白"),同时语序也时常来回颠倒。

"啊……那个叫,给我放 Penta...tonix,Pentatonix！的那个叫 Daft Punk 的歌！"

人类之间对话时,即便是这种形式,对方也能理解。因为我们能理解对方是在思考,甚至可能直接提醒道"你是说 Pentatonix 吧！"但遗憾的是,目前的许多语音界面是不能完全识别这句话的,当然也不会给我们提醒。我们则需要在脑中整理好想说的话,然后清晰地表达:

"播放 Pentatonix 的 Daft Punk！"

这样才可以。虽然这也是很自然的一句话,但我们还是需要考虑到系统是否能够领会,要注意整理自己的语言,使用书面语进行说话,而非口头语,这样系统才能理解。

担心系统"能不能理解呢"

这有些像电话留言时打腹稿的情况,并且在电话留言问题中也包含了录入时的紧张不安等心理问题。相信大家都有这样的经历,必须在规定时间内录入语音,但担心是否能够讲得完,于是十分紧张不安。

同样的道理,我们对语音界面说话时也会感到紧张不安,我们会想"它能理解吗""我该怎么说呢""现在可以说吗"，这些都算是问题。虽然系统 UI 和 UX 设计可以在一定程度上解决这些问题，但针对这些问题进行处理的服务和产品还很少。

对发声环境的依赖

正如前文所说，语音界面的语音数据传递犹如一场传话游戏，因而采音技术相当重要。采音的重要因素之一就是说话环境。如果是安静无回音的房间、拉窗帘铺地毯的起居室，则效果很好；而在铺地板且容易产生回音的房间或是能听到广播声的房间以及时常人声嘈杂的店铺，像这样的地方是很难做到高精度采音的。到最后很可能会识别错误或答非所问。

站台等地也是恶劣的语音识别环境。此时，我们必须把嘴凑近麦克风说话。在厨房使用智能音箱，由于有洗碗的水声，所以识别率也很低。

此外，说话人的发声状况也影响识别率。因感冒而嗓音变化时，识别率也会变低（但我相信不会有人特意在嗓子疼的时候使用语音界面）。当然边吃喝边说话也一样会降低识别率，而且也不礼貌。就算人类在这种情况下也很难听清。周围喧闹或者说话人声音小的时候，连人类都很难听清，更何况是语音系统呢？

发声前间隔过长

虽然电脑的处理速度加快，网络也更加高速，但在语音界面上的体现并不够。向智能音箱和语音助手发话后，一般需要几秒钟之后才能得到回复，最快差不多 1.5 秒，慢的要达到 3 到 4 秒以上。而人类之间的对话回复一般都用不了 1 秒。这个结果出自笔者和朋友的对话以及广播电视中的对话（日本人之间）。就算是不急不缓的对话，实际上也是 1 秒左右就会回复。当然回复中也包括"嗯""啊"之类的停顿。

人类之间的对话如果停顿超过 3 秒，对方就会感到不安，"诶？我刚才说的话你听见了吗？听明白了？"更不用说是对语音界面说话了。如果连续 3 秒没有得到任何回复，肯定会令人发窘的。"间隔"对于"对话"来说是十分重要的，对此笔者将在第 7 章展开说明。

不能使用图片和表情符号

第 3 章讲到过语音界面的一大优势就是"减少了文字输入时间"，但使用语音来插入图片、表情符号和表情包就显得有些困难了。

2017 年，日本电视节目《NEWS24》进行了一次关于"你会使用语音输入吗"的问卷调查，不到二十岁的青少年中，7 成表示"不用语音输入"，他们的理由是"其他输入法（打字输入）更快"，此外还有一个青少年独有的理由，那就是

"不能发表情包和表情符号"。为了沟通顺畅，如今的通信服务都会支持发送图片、表情符号和表情包，如果不支持这一功能，对于特定年龄层来说便是致命的缺陷。之前谈到的百度 Simeji 语音识别可能根据识别到的语音提供与之相应的表情包、表情符号等。

可能今后的语音界面都会支持根据语音的语气和内容提供相应的备选图片、表情符和表情包，但对于没有画面的语音服务和商品来说，这仍是一个很难解决的课题。

语音输入无法处理中断和取消

语音界面对于如"明天，不对，是后天的天气怎么样"之类的中途改正仍旧不能识别。上文也谈到过，目前语音界面仅支持准确无误的语音输入。虽然我们会经常脱口而出"那……等等""呃……不对"，但系统仍然不能支持这种突然的中断和取消。

在使用语音进行网购的时候尤其要注意这一点。我们希望由系统向我们认真地确认"你确定要购买 1 箱 2000 日元的矿泉水吗"，如果不加复述直接回复"多谢惠顾"，接着信用卡立即扣费，那就太可怕了。我们自己（作为父母）根本不想买价格虚高的东西，结果孩子一句"好啊!"，便"被"下单，这样的事情在现实中确实存在。

这样的问题同样出现在前文的"电话留言录入问题"中。

由于不支持中途取消，因此必须深思熟虑后再留言，这无疑造成了一些精神压力。

不自然的"机器腔"对话

现在的语音助手和交流机器人仅支持一些简单的交流、答疑和聊天。由于之前已经谈及了误识问题，在此我们假定系统可以接受自然发话并能识别语音的这种理想状态，但我们和机器人及语音助手的对话还是和与人交流不同，仍存在违和感。

随声附和也充满"机器味儿"

为了使机器更接近人，很早以前我们就在研究让机器学会点头或随声附和，如今终于在机器人上得以应用，但实际对话时仍稍显怪异。

笔者曾经见到过能在对话中随机附和，发出"嗯嗯"语音的机器人，不过即便是随机插入，在谈话中突然听到一句机械感十足的附和声，总让人感觉违和。当然，我们承认系统＝机械，但目前机器对话仍旧和自然的对话体验有一定差距。

笔者也见过这样的机器人，它可以做出"嗯嗯""哦哦"等多种附和，设计者在努力消除机器印象。

用户："你有喜欢的人吗？"

机器人："嗯嗯！新垣结衣！"

用户："是个大美女啊！"

机器人："哦哦！哦哦！"

人类会下意识地附和

上面例子中的这段对话看似很顺畅，但如果我们现场听听这段对话，立马就能嗅出其中的怪异之处。以日语为母语的日本人在使用附和和补白（停顿）时，是带有明确意图的。比如，"嗯嗯"表示对对方所说的话表示轻微赞同，而"哦哦"则表示了解和同意，两者是有分别的。

我们看前面的例子，即最开始被问及"有没有喜欢的人"时，用"嗯嗯"这个表示同意的词来作答就显得很怪，实际上语音合成越接近人类，它们说出的"哦哦"就越违和。回答"你有喜欢的人吗"所用的答复语本应该是"哎""啊""嗯""有"等。

重复时懂得抑扬顿挫的变化

此外，在连续两次回复"嗯嗯，嗯嗯"的时候也很违和。重复同样的词汇本身没有问题，显得奇怪的是它的"说话"方式。人在重复同一个词语时，两次声音高低是有变化的，但是机器人重复时的声调是一样的，因此机械感十分强烈。

产生违和感的原因在于，设计者没有按照语言学和音韵学规律进行设计。

其他

通过整理网上关于语音界面的问卷调查结果，我们可以发现有些问题是语音领域所独有的，比如，"被别人听到自己的声音，感觉很害羞，因此不使用""嫌自己的声音不好听"等问题。并且还有一些意见，比如，"本就不知道语音界面的优势何在""使用时违和感太强"等。虽然支持语音界面的产品和服务已经走入了我们的日常生活，但人们对语音界面的优势不够了解。我们必须更加广泛地宣传语音界面的正确使用方法和其优越性。

小结

本章列举了一些关于语音界面待解决问题的例子，此外还有许多问题亟待解决。人的期望越大，对于小小失败（错误）的失落感也就越大。行为经济学中有一种"前景理论"思维模式，这一理论的"价值函数"图十分有名（见图6–2）。

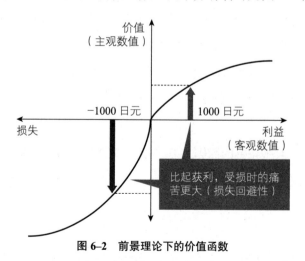

图6–2　前景理论下的价值函数

　　我们看图 6–2 中的金钱价值，在同样的金额下，比起收益，人们更关心损失（大致 2~2.5 倍）。对于损失的关心程度比对于收益的关心程度高出 2.5 倍多。极端地说，损失 1000 日元所受的创伤要用获利 2500 日元才能弥补。

　　如果把前景理论应用在 UI 问题上就是，比起使用方便等优势，人们更在意识别失败等问题（前景理论的损失回避性）。这些误识和使用不便对于语音界面来说都是十分重要的。

　　既然存在这种问题，恐怕有人会"完全拒绝语音界面"了吧？事实上，这种事情并不会发生，语音界面和 AI 一样备受期待。因为语音界面能带给用户不同于以往的体验。笔者认为，这种体验才是语音界面的最大特征，这也是其他形式的界面很难实现的，那就是"会话"与"对话"。下一章我们将就"语音对话"进行解说。

第 **7** 章

语音助手 / 机器人
语音界面"对话"

笔者认为语音界面的最大特征就是"会话"和"对话"。其中最为显著的就是机器人领域了，近来支持和用户会话的"交流机器人"不断增加。电影和动漫中的机器人和机器助理走进现实生活的日子也越来越近。并且，诸如苹果公司的 Siri 一样的"语音助手"已经走入了我们的生活，它们能迅速回答我们提出的问题，还能像朋友一样和我们聊天。

只会瞎叫"皮卡丘"

不过，我们还是冷静地思考一下吧！"对话"和"会话"功能真的那么简单就能实现吗？人类之间其实也是很难交流的，由于交流不畅而产生的误解已经给我们造成了太多困扰。就连人类都难以处理的问题，机器人和语音助手真的能做好吗？

比如《星球大战》中登场的机器人 R2-D2，虽然能够理解人类的语言，但只能发出"嘀嘟"的声音。动画《精灵宝可梦》中的皮卡丘同样只会说"皮－皮卡丘！"即便如此，我们总觉得它是在和人类交流。

还有猫狗之类的宠物，我们不知道它们对人类语言的理解能达到什么程度，但它们肯定不能理解高级语言。虽然它们的叫声也有"汪汪""嗷呜"和"喵呜"之类的变化，但毕竟没有人类语言丰富。不过，饲养宠物的人还是觉得能和宠物交流。笔者也养了几只约克夏犬，宠物多多少少是能够理解我说的话的（我自认为），因此我也会和它们认真地交流。即便他们不能理解太高级的语言，但我还是能从和它们的交流中找到快乐。

“对话”是文化、心理和社会的集合

当你发出“坐下”的指令，你的宠物可能一脸茫然一动不动，但如果机器狗对此也毫无反应呢？有些人会选择接受，也有的人会感到失望，“机器人居然听不懂人话!”也就是说，对话、会话不仅仅是语言上的来言去语，它是集合了文化、心理和社会多个侧面的复杂界面。

本章主要讲解的就是这个复杂的界面。我们先了解“会话”和“对话”的本质，再分析什么是“自然对话（会话）”，自然对话包含哪些要素。在此基础上，试着说明如何接触系统、语音界面的现状怎样以及存在什么问题。

“会话”和“对话”的区别

恕我唐突，我想问诸位一个问题：“会话”和“对话”的区别是什么？在英语中，对话叫作“Dialogue”，而会话则叫作“Conversation”。在字典中的意义如下：

会话 = 多人互相谈话。谈话内容属于共同话题。

对话 = 面对面的交流。思想的交流。

　　根据这个定义，两人说话称为"对话"，超过两人就成了"会话"。深究起来，两者还有更深层次的区别。比如，著名的剧作家兼导演、交流学者平田织佐在他的著作中对会话和对话的定义如下：

　　会话＝价值观和生活习惯相近的人之间的交流。

　　对话＝不太亲近的人之间互相交换价值观和信息，或亲近的人之间价值观产生偏差时发起的谈论。

　　Recruit Works 研究所对于会话、对话以及议论有如下分类。

　　会话＝引导我们相互交流，相互沟通，共同合作。

　　对话＝关于"本质论"的探讨。通过对话一同发现事物的本质。

　　议论＝商讨目标、行动、策略等具体行为。

　　也就是说，对话建立在会话的基础上，议论又建立在对话的基础上。在语感上，三者的方法论是相近的。

　　本书对会话和对话的定义如下：

　　会话＝普通人之间的一般日常问候。

　　对话＝传达自己感情和思想，并接受理解对方思想的交流。

　　根据这个定义，"你好! 你有什么兴趣"就是会话。这样看来，如今我们和智能音箱进行的几乎都只是 "会话"，而支持 "对话" 的语音助手和机器人还很少。

平田织佐认为 "在日本社会中 '对话' 概念十分薄弱。应该说，几乎没有这个概念"。近来，日本也开始努力把交流术应用于工作和人际关系中，社会上也开始有人表示日本人（或使用日语）不会 "对话"。我们不禁思考，日本人本身就不擅长 "对话"，和机器人就能 "对话" 了吗？但本书设立的前提是人和人之间是可以进行 "对话" 的。

之后的内容，笔者仍旧会区分会话和对话，对于两者共通的内容则用 "对话（会话）" 表示。

任务型和非任务型

我们对语音界面的指令可分为 "任务型" 和 "非任务型" 两种。

有求于 "人" 的指令称为 "任务型"

第 4 章说明语音界面六大基本功能中包含的 "信息检索（搜索）""预约管理""通信""媒体播放器""连接机器" 等。使用这些功能所发的指令主要都属于 "任务型" 指令。"任务" 指的是需要完成的工作和需要回答的问题，而所谓 "任务型指令" 就是命令电脑回答某个问题或完成某个工作的指令，比如 "查询明天天气" 的这种调查任务、"加入预约" 任务、

"播放指定音乐"任务、"关闭照明"任务等。

总之，我们"想要这样"或"做这个"之类的工作（任务）指令都属于任务型指令。命令手机和家电如何运作的指令都属于这一类，因此如今的语音界面几乎所有的指令都属于任务型。发邮件当然也属于此类。极端地说，我们对冰箱发出指令，如"冷冻一下""冷藏一下"等，也都是任务型指令。

对话属于"非任务型"

那么什么是"非任务型"呢？它不包含任务，即没有要求机器完成的工作和要它回答的问题。在语音中，聊天就属于非任务型。聊天一般没有明确的目的。当然也有想和对方交流、了解对方、消磨时间等理由，但这和前文的任务型是有明显区别的。

语音界面的非任务型指令是用来使用语音界面六大基本功能中的"聊天娱乐"功能的。

没乐趣的对话

苹果公司的"Siri"和 NTT DOCOMO 的"说话精灵"都支持聊天功能。信息处理学会和语言处理学会等机构目前也在大力研发聊天对话系统，但始终没能达到能使人机愉快对话的水平。

这其中的原因很多，但也存在尚未解释清楚的现象。就连人类之间的交流，本就有许多解释不清的东西。比如，同样的会话内容，有人可能谈兴大发，也有人可能觉得索然无味。这是为什么呢？问题在说话方式上吧？又或是双方性格的不同所致？再就是与精神状态有关了吧？同样一个玩笑，有人讲得令人喷饭，有人讲出来却会冷场。

非任务型对话是很困难的。要想理解语音界面对话的本质，首先要知道我们是围绕着什么内容在进行对话。我们暂时抛开系统，先就非任务型对话的代表——"聊天"做一个说明。

所谓聊天

"聊天"的本质是什么？大家听到"聊天"这个词时会想到什么？"聊天"在词典上的解释是"不着边际的话。闲谈。没有什么特定主题，包含各种内容的轻松会话"。在这里，我们做一个独特的分解。

有句话叫"聊天是没有终点的"，但聊天是有目的的。比如，有的谈话是为了打破沉默，让双方度过一段轻松时光，这也叫作"痛苦回避"。除此之外，还有无事可做时，为了消磨时间，通过谈话舒缓情绪的这种利己的聊天。也会有以告诉别人自己知道的事情和自己周围发生的事情为目的、以疏通人际关系为目的的聊天，这便是"利己"聊天。

另一方面，有的聊天是为了讨好对方、缓和场面。这种和对方一同享受对话乐趣的聊天，一般称为"利他"聊天。

聊天的六大分类

如果将聊天做个简单的分类，以聊天目的为标准，包括"传达自己心思""寻求答案和信息""调节气氛""放松心情""保持交流""消磨时间"这六大类（根据笔者自己的分析）。

下面分析一下不能达成这些聊天目的（＝对话事故）的原因（见表 7–1）。

表 7–1　　聊天的六大分类和对话事故的原因

聊天目的	细节	未达成目的／对话事故原因范例
传达自己心思	告诉对方想要传达的信息，想要表达，寻求聆听	对方选择不听或无视，不理解或说话时机不对
寻求答案和信息	想知道段子、最近的消息、身边发生的事或寻求建议，寻求解决烦恼、寻找答案等	对方给不出答案、选择不听或无视。不准确或虚假信息以及既知信息，或不理解问题
调节气氛	享受一同谈话的时光	对方否定或非议、单方面叙述、无聊内容
放松心情	通过对话放松心情	对方否定或有非议、单方面叙述、难以听懂
保持交流	维持人际关系、示好	被对方无视，对方说出自己不能理解的话或保持沉默
消磨时间	因为无事可做，于是和对方谈话消磨时间	持续沉默、不听、否定

原因分析

理解不足：不理解／拒绝聆听／答非所问／说不出口等

对方态度：否定／非议／难懂的话／不理解问题／妄自尊大和蔑视／爱答不理等

信息：谎言／已知／错误／误会／否定等

　　"传达自己的心思"时，我们要考虑到对方可能会不听你说什么、无视你，或者打断你要说的话。而"寻求答案或信息"时，除了之前"传达自己的心思"时的未达成原因之外，还要考虑答非所问、不正确的信息、不理解提问等情况。"调节气氛"要考虑对方否定你的观点或对你有非议、单方面阐述，或对内容、信息本身没有兴趣。

　　"放松心情"时也要考虑这些。本来想调节情绪放松心情，但对方却说了一番破坏气氛、伤感情的话，难免让人心情不爽。"保持交流时"如果被对方忽视你或说出超出你理解的话，又或者干脆三缄其口，那么气氛会变得很尴尬。

　　最后，"消磨时间"时对方可能会持续沉默、不加理会。本来因为沉默使人尴尬，才打算消磨时间，结果交谈起来反而更觉无趣，这可真是费力不讨好。相信大家应该有过一两次这样的经历吧？

　　对话事故的发生原因，必然会是"理解不足""对方态度"以及"信息"等其中的一种（见表 7-1）。

　　理解不足：由于未能理解说话内容而产生的答非所问或单方面叙述

　　对方态度：妄自尊大、爱答不理、插话、批驳

　　信息：虚假信息、已知事项、误会、内容无趣

　　这些都要在后面的"对话助理必备六大要素"中说明。

在此希望诸位理解，聊天失败的原因不仅在内容上，也同样出现在双方的态度以及理解度上。

会话的分类

下面让我们用一个不同的观点来审视聊天和一般性会话吧。

其实交流和对话可以分为"男性型"和"女性型"。实际上，并不是男性就只会使用男性的交流方式。因此，笔者按照心理、哲学观点整理了如下分类。

男性型

- 重视独立和地位，使用公共口头语进行信息交换；

- 注重解决问题；

- 能互相注意地位，追求对方的尊敬；

- 沉默时间长；

- 喜欢有哲理性、合理性、理论性及社会性的信息。

女性型

- 重视和睦、亲和力，使用个人语言进行心灵交流；

- 喜欢分享；

- 不分等级，渴望被对方接纳；

- 沉默时间短；

- 为了展示亲和力，希望和对方共度时光。

　　我们也可以说,男性的会话关键词是"解决""支配"和"公共",而女性的会话关键词则是"共鸣""亲和"和"个人"。

　　美国语言学家黛博拉·唐宁(Deborah Tannnen)在她的书中称男性典型的会话模式是"报告型会话"(Report-Talk),女性最典型的会话模式则为"交往型会话"(Rapport-Talk)[①]。报告型会话是一种讲究将信息客观正确表达出来的说话方式,这种方式并不太注重感情和主观,而更重视说话的根据。而交往型会话则是一种讲究在会话中传达自己主观想法和感想,以及向对方传达自己的情绪和感情的说话方式,这种方式重视营造亲密的氛围和共鸣关系。下面让我们看看表现报告型会话和交往型会话差异的具体例子吧。

报告型会话

　　A:"我今天一大早就开始难受,也不知道怎么了……"

　　B:"是嘛? 有什么症状吗?"

　　A:"好像是有点贫血,脑袋疼。"

　　B:"吃药了吗?"

　　A:"啊,有,吃了点。"

　　B:"我看你还是去趟医院吧?"

　　A:"昨晚就开始熬夜写报告,结果现在还没弄完……"

　　B:"你要是来不及交,还是早点跟上头联系一下好。发邮件了没?"

---

① "Rapport"有和谐一致、和睦关系的意思,也有桥梁的意思。

这里的会话是典型的报告型会话模式。下面看看交往型会话模式吧。

交往型会话

A:"我今天一大早就开始难受,也不知道怎么了……"

B:"是嘛,不要紧吧?"

A:"好像是有点贫血,脑袋疼。"

B:"哎呀,那可不好办,贫血很难受吧?"

A:"是啊,真是愁死我了。"

B:"我也替你愁啊!现在去医院人又太多……"

A:"昨晚就开始熬夜写报告,结果现在还没弄完……"

B:"啊,小 A 你可真是拼命啊,有时候也得劳逸结合嘛!"

看得出交往型会话讲究构筑共鸣关系。

"报告型会话"模式讲究客观准确地传达事实和信息,它追求正确且迅速地完成使用者想要完成的动作和发出的指示,因此比较适合任务型。而"交往型会话"重视创设亲密氛围和共鸣关系,因此它适用于非任务型,即适用于聊天。

报告型会话较多的原因

为什么目前市面上的语音助手和机器人的会话(对话)绝大多数都采用了交往型会话模式呢?

语音界面基本上都面向任务型

原因之一便是，不论是何种用户界面，基本都是面向任务型的，即回答和解决用户关于怎么做、做什么的问题和烦恼。比如，对语音界面说"搜索好吃的拉面店"，系统便会提供附近拉面店的列表。

"语音助手"，顾名思义，语音界面的功能本身就是为了辅助人类，即"为简单的命令（任务）提供解决方案""完成用户指令"，正确无误且高效地完成任务。

如果你正准备找一家好吃的拉面店，语音助手或机器人却回复你"我现在不想给你找啊"，那可怎么办（笑）。如果回答你"老吃拉面会胖的"或者"好主意,晚上吃拉面最好啦"的话，那也挺麻烦的吧?

报告型会话优劣易判别

其他原因包括使用报告型会话的系统，其功能的优劣能够明确判定。既然易于判别优劣，就能让我们知道需要创造什么功能，而且也能方便研发。

你想找"大卖场"，结果系统却给你提供了"大麦茶"的搜索列表，这属于语音识别错误，此时我们很容易就能发现功能上的失误。对于同音异义词，根据前后文仔细摘取正确含义也是同样的道理。当你对系统说"播放迈克尔·杰克逊的歌""他最畅销的专辑是哪个"时，如果系统能够知道

"他"指的就是"迈克尔·杰克逊",那么就证明系统照应分析正确。如果回答"搜索不到'他'的畅销专辑"(系统将"他"误认作艺术家名),就表示照应分析还不完善。

我们思考一下这个场景,你想要系统替你导航到目的地,于是说"我想去东京有名的塔"。因为能够确定的信息只有"有名的塔",如果系统能够提供具体地点,如"东京电视塔可以吗"或"天空树可以吗"之类的选项供用户选择,为用户搜索"塔"类建筑,并提供到目标地点的最佳路线,则证明会话成功。这种报告型会话和任务型会话就是很容易判断系统是否能辅助用户正确地导引用户的一个标准,因此评判变得十分简单。

聊天优劣难判定

之前已经谈到过,聊天的目的主要包括"传达自己心思""寻求答案和信息""调节气氛""放松心情""保持交流""消磨时间"这六大类。其中"寻求答案和信息"由于接近任务型,因此比较容易评价,而对于其他五种目的是否达成,就很难评判了。

我们其实并不知道如何计算对话够不够愉快、心情够不够放松、交流算不算维持住了。是否消磨了时间,这里的"时间"也是因人而异的。电车离到站还需要 10 分钟的路程,但等车可能需要一个小时。虽然通过聊天后的问卷调查或者用耳机监听的主观评价实验可以在一定程度上帮助我们理解，但即便是同样一番谈话，由于双方的不同，谈话结果可能有好有坏。人类间同样的会话（对话），其沟通方式也是因人而异的，即便自己享受谈话的过程，也不能保证对方也是一样的，同样的内容也会由于当时个人的心态、身体状况的不同而产生接受度的变化。

谈话内容无聊的原因

由于聊天功能不容易评价（不好判断优劣），语音界面的价值便被忽视，而近年来，其娱乐和交流体验等方面的聊天价值开始提高。目前，人们正在着手研究聊天功能的评价方式，在此笔者希望挖掘一下"谈话内容无聊的原因"。

原因在于言行和内容

人们觉得"谈话内容无聊""不想再和它会话"的原因主要可以分为两种。其一是说话人的"言行"，其二是"说话内容"。

言行主要包括"不听对方说话""忽视对方""插嘴""面无表情，反应冷淡""说话不合拍""说话太快，令人听不清"等，对方如果是这种表现，不论谈话内容是什么，总会让人感到"不想和他会话""无聊"。

内容包括"话题杂乱无章""出口伤人或消极评价太多""没有结论"，这些消极内容往往令很多人感到不满。此

121

外，内容"无聊"主要包括"自吹自擂""引用""杂学"
"长篇大论""内容重复"等。看到这个结果肯定有人会大跌
眼镜吧（笑）？当然这只是问卷调查的结果，并不是所有人
都是一样的想法。个体不同，性别相异，喜好自然有差别。

大多数语音界面都是"引用"和"杂学"

刚才已经说过"引用"和"杂学"是说话内容无聊的原因，
如果我们看看当今语音界面对话的内容，实际上绝大多数都
是"引用"和"杂学"。如果你恰好有一台智能音箱，请一
定试试和它聊天。比如，"我想去夏威夷旅游"。系统便会追
问"什么时候去""和谁去"，接着便会告诉我们夏威夷的天
气、去夏威夷的路线、推荐的景点等各种信息。这些都是"杂
学"和"引用"。有的智能音箱说不定还不能支持这样的服务，
但不久的将来智能音箱一定会为我们提供准确的夏威夷旅游
攻略。在我们需要知道关于夏威夷旅游的正确有效的信息时，
这样的回答才是正确的，而且也能满足用户的需求。

但是如果我们的目的是"稍微消磨一下时间"或是"想
要聊一聊"的话，便能感到"无聊"了。虽然在特定的时间
和情况下，像"你想怎么去""我推荐你这款""大多数日本
人都会选择这条路线"之类的答复令人满意，但也有人如同
之前提到的调查结果，表示这样很无聊。

你身边有这样的人吗？说来说去都是拾人牙慧，完全按
照报告型会话模式说话。有时候和这样的人说话确实很有趣，

但有时候却会觉得让人心累、让人觉得无聊。

现在和机器人以及语音助手的谈话内容和人类之间无聊谈话的内容一样了。如今，以引用为主的报告型会话十分少见，虽然开始会觉得有点意思，但显然不久便会令人厌烦。

Pepper 孤独的原因

软银出品的仿生机器人 Pepper 由于支持感情识别而备受瞩目，发布时该款机器人会主动接近路人进行攀谈。但如今仍对它感兴趣的人却寥寥无几了。我们经常看到它孤零零地陈列在店里，这究竟是为什么呢？

笔者认为原因有很多，就像之前提到的人类之间的谈话一样，问题出在谈话内容和言行上。Pepper 不论如何和我们攀谈，到后来都会绕到以促销为目的的产品和服务介绍之类的引用内容上，导致用户的期待却越来越低，觉得机器人"还是那一套"，于是便不想再和它谈话。我们不该让机器人按照设计说话。机器人能推断人类的感情，还能像人一样边说话边做动作，这是很难得的，但却因为言行和内容不佳而让人失去了兴趣。

自然对话（谈话）必要的六大要素

会话分任务型和非任务型，报告型会话适合任务型会话，目前技术已经允许，但还达不到"自然对话"的水平。一直使用引用内容难免让人厌烦，这与说话内容和说话一方的态度息息相关。

下面我们来分析一下"自然对话"的本质。为了实现自然对话（会话），先要理解人类之间会话的来言去语（交互）。我们不仅要分析对话内容，还要分析何为"接近人类"的"自然"的对话（会话），为此笔者整理了以下六点：角色、内容、会话方案、对话表现、交互作用、脑和心（见表7–2）。

表7–2 　　　　　　语音对话界面六大必备要素

对会话趣味性和乐趣的影响因素

角色		内容		会话方案	
人品		令人厌倦、厌烦的说话内容		会话类型	交往型对话
性格					报告型对话
和说话人的关系		（自吹自擂/引用/没有结论/晦涩难懂）		倾听技能	轮流
视觉效果					重复确认
		实时现状的连接			说话的量和时长
		个人记忆共享			

对会话自然度和与人类会话相似度的影响因素

对话表现		交互作用		脑和心
语音	反应速度	输入	语音识别	记录和记忆
	确认、附和		语义分析	感情
	抑扬、口音		意图理解	自主行为
画面	视线	输出	语音合成	外部信息收集
	脸和身体朝向		模式架构	
	姿势			

这其中前三者是影响会话趣味性和乐趣的因素，后三者是影响会话自然度和与人类会话相似度的因素。

角色

对于会话（对话）系统，人们总是希望它能多少达到拟人化。即便是面对文字对话助手"bot"，用户也同样希望系统有角色感。当我们听到 Siri 模拟的女性声音时，在和它对话时难免会自由地将它想象成一个人形。人们很难做到和一个无色透明的东西会话。

无立场，不对话

究其原因，会话（对话）必须要建立自己和对方的关系，包括朋友关系、家人关系、同事关系等。在对话时还要考虑对方的立场和社会地位，根据自己和对方的立场，选择相应的措辞，如果不这样便会引发冲突导致对话中断。特别是在日本，为了顺利沟通，要恰当地使用尊敬语和自谦语；反过来说，如果不知道对方的社会背景以及自己和对方的立场，就不知道"如何开口"，徘徊在"社交辞令"和"家长里短"之间，不知所措。

被外表"套牢"

实际上，在我们看到机器人或 CG 角色时，往往会被其外表"套牢"。比如，面对外表是老人模样的机器人，我们说话便会慢条斯理并提高声调。如果它回复"再说一遍"或者"我没听明白",我们很容易接受,因为我们会自动认为"他耳朵不行了嘛"(虽然它只是一套系统),之后便会大声且缓慢地重复一遍。如果是孩子或宠物角色,和它们对话,我们应该就不会使用太难懂的句子,而是用孩子能理解的语言和它低声细语说话。当它不能识别你所说的内容时,用户会考虑"是不是我的句式太难了",而不会因为错误感到焦躁。

人们会根据对方身份来调节说话方式和提问方式(见图7-1)。这一现象已经得到证实,最好的实例就是利用"人类会主动迎合角色感"的特性而开发的游戏《人面鱼》。

对幼儿低声细语　　　　　对老人高声缓语

图 7-1　人类是会迎合对方调整自己说话和问话方式的动物

人机交流,体验未知

设定角色对于语音对话来说是一大优势。但在公共场所设置的电子显示屏使用的系统,最好还是公式化的比较好,而不宜使用有特殊性格的角色。最近流行的"地区吉祥物"也都很好地利用了角色特征。当然，角色感太强则有游戏化、低龄化之嫌。电影和漫画也一样，如果不妥善创造（设定）角色，势必会在受众中引发争议。

和机器人以及语音助手对话（会话）对人类而言是一种未知的体验（见图 7-2）。毕竟和一个无色透明的人格化物品做交流是很困难的。它能像人一样熟练使用网络服务，又能像人类一样说话，还对最新的新闻保持着敏感，而且知识超级渊博，能回答你各种问题。但它有时却会理解不了人类语言，听不懂不合语法的句子。在此之前，我们还没有和这种人格化物品沟通的经历。

我相信不久之后便是我们人类能轻松和它们进行交流的时代，但目前通往那个时代的大门才刚刚开启，当下正是一个迷茫的时期。角色感恰能给我们一个推力，因为自然对话需要有相应的人格和定位。

图 7-2　人机交流，体验未知

内容

前面提到过，使谈话索然无味的原因包括内容。

引经据典和聊天是电视上综艺节目经常出现的桥段，而人与人之间如果按照这种形式进行对话，很多时候都会显得"无聊"。内容过于复杂或对话题不感兴趣，都会使人感到索然无味。有时，交往型会话中能使双方产生共鸣的内容才能让人心情愉悦。当然，这些喜好也是因人而异的，有些读者可能会觉得，不能时常提供信息而只是产生共鸣，才令人感到索然无味。

一直重复同样内容的聚会令人感到厌烦无聊。虽然我们可以仰仗脚本写手制作内容（对话脚本），但究竟要写多少脚本才能满足人们的需求呢？如果要亲手设计成千上万个脚本，势必耗费大量的时间和精力。

如何设计内容是一大问题，但也可以达到某种程度上的程式化。各位知道"たちつてとなかにはいれ"和"シタシキナカニ衣食住"①这两种话术吗？这是在聊天陷入僵局时能够给自己启示的话术套路（见表7–3）。

表7–3　　　　　聊天套话

た	事物	喜欢吃什么、吃饭吗、想吃什么
ち	地域	家乡、离家最近的车站等
つ	上学上班	路线、交通工具

① 日本人攀谈时使用的模板话题，每个假名正是代表话题的词头。——译者注

续上表

て	天气	冷热、花粉症
と	财富	和金钱相关的话题、价格涨跌、购物
な	姓名	取名等
か	身体	健康、美容、减肥
に	新闻	时事新闻、明星娱乐
は	流行	当下流行话题
い	异性	异性话题、喜欢的明星等
れ	休闲	度假方式、兴趣话题
シ	兴趣	兴趣话题、运动、电影、电视
タ	旅游	想去的国家、最近一次旅游
シ	工作	从事什么工作、什么工种
キ	气候	天气相关话题
ナ	朋友	朋友、同事相关话题
カ	家人	孩子、父母、亲人
ニ	新闻	最近流行的话题
衣	服装	时尚服饰
食	美食	想吃什么、美食体验、推荐的餐馆
住	住所	住所、最近的车站等

　　"た"表示食物。最适合闲聊的话题就是最近吃到的美食。"ち"是地域。如果出生地、目前居住地相同，就可能提高亲密度。"つ"指的是和上学上班相关的话题。可以谈论沿途的特有话题。"て"指天气，全年都可以使用这套话术。"と"指财富，即和金钱相关的话题，包括股票的涨跌、最近的购物经历等。"な"指的是名字。"か"指身体，包括健康、减肥和美容话题。"に"指新闻，包括时事新闻和明星娱乐圈之类的话题。"は"指流行话题，"い"指异性。可以不直接

提问配偶，而问对方喜欢的明星。最后"れ"指休闲，比如度假方式和兴趣。

"シタシキナカニ衣食住"也是差不多的内容。"シ"指的是兴趣，"タ"指旅游，"シ"指工作，"キ"指气候，"ナ"指朋友，"カ"指家人，"ニ衣食住"指新闻，最后再加上"衣食住"。这些问题是容易回答的，因此容易使会话顺畅。这也是促进交流的一套话术。

专业出品也难免让人厌倦

这些信息在网上就能收集，机器也方便针对这些信息提问。最近新闻类自动汇总服务开始出现，对话脚本自然也可以根据这些信息自动完成。不远的将来，AI 必然能够自动生成脚本。

另一方面，我们不得不面对这样的事实：软银和吉本兴业强强联手，雇用大批新手作家为 Pepper 制作了大量的趣味回复，但这一工程刚一完成便遭到用户厌烦。即便脚本出自专业人员之手，也难免有令人厌倦的一天。看来内容制作今后也会成为语音界面的一大课题。

会话方案

会话方案也称作"会话构架"，包括说话风格（报告型会话 / 交往型会话）。比如，使用语音界面做景点导游时，说话风格就比较适合用报告型会话模式。如果不懂得因地制宜选择说话风格,会话便会变得索然无味或没有意义。换言之,会话方案既包括话术,也包括沟通术。

以 "倾听" 深化理解

最近 "倾听力"(Active Listening)也成了沟通术之一,并开始受到关注。相信大家在领导力课程和求职中也听到过这个词。"倾听" 不是单纯地听对方说话,而是要认真聆听;不是指摘选自己想听的内容,而是要通过聆听挖掘出对方真实的想法。这样才能更深入地理解对方,同时也能让对方加深对自己的理解。

倾听技巧包括 "认可" "附和" "眼神交流" "重复确认" "催促" 等,但实际应用却没有这么困难。为了让对方知道 "我在听呢,我明白了",就要进行 "认可" "附和" "眼神交流"。所谓 "反复确认" 就是,如果对方说 "超累的",你就要回答 "听你这么一说,的确累人!" 通过 "敲边鼓" 来让对方知道自己在听。"催促" 就是催对方继续往下说,比如,"这很好啊,(附和)那后来呢?" 除此之外,"倾听力" 还包括从不否定对方,尽可能创设共鸣。关于 "倾听力" 的详细内容,各位可以参考专门书籍。那么大家知道为什么在这里要提出 "倾听力" 这个话题吗?

第 6 章讲了 "何时说,怎么说"。笔者认为如果用户想要说话,但语音界面却完全没有倾听力的话,谈话机会就会白白流失。之前的"角色"一节也谈到过，现阶段人类还不知道该如何与系统做语音交流。因此，我们不能期待人类能积极主动地和系统说话，而是应该让系统能够倾听人类，这样的会话构架（方案）才是重要的。

对话表现

对话表现和语音相关，除了认可和附和之外，还有声音大小、口音、抑扬等。除了语音之外，对话（会话）时的眼神、面部表情、举手投足也是十分重要的因素。下面按照顺序对"附和""说话交替""语音表现及感情""语音合成和间隔"这几个重要的点做一下说明。

附和

如"嗯""哎"这些都是附和，那么一般什么时候附和别人比较好呢？话虽如此，但我们一般都是不假思索脱口而出，不过各种附和还是可以分门别类的。

笔者在此参考了语言处理学会的论文，将附和分成了六个种类（见表7-3）。其中"啊""嗯""哎"属于应答感叹词；"啊""哦""嘿"属于感情表达感叹词；"原来如此""是嘛"属于应答词汇；"厉害呀""吓人"等属于评价应答；以及重复说话人所说的部分或全部内容和预测对方下一句话所含要素并替对方补充的形式。换言之，任何一个附和都有其意义，

应答和附和是相互对应的。如果随机做出附和或一直重复同
一种附和，应答就会变得怪异。

比如，下面这段对话就显得莫名其妙的。

用户："明天的预定有什么？"
语音助理："原来如此！明天有一条预约。"

再看这句，如果用户之前没有说话，那么语音助手所说
的这句话就很莫名其妙了：

语音助手："嗯嗯！喜欢谁啊？"

因为"嗯"和"嗯嗯"是表示同意对方所说的意思。像
这样句句都符合反而不像人类了。

表 7-4　　　　　　符合的六种分类

分类	例
应答感叹词	啊、嗯、哎、哦、是、嗯嗯
感情表达感叹词	啊、唉、嚯、嘿
应答词汇	原来如此、是（嘛）、的确是
评价应答	厉害、吓人、有意思
重复	重复所说内容的部分或全部
补充	预测补充对方所说的话

说话人交替（轮替）

相信很多人都遇到过不知道语音界面一句话何时结束以
及中途插话等情况。反过来说，我们人类在说话时也会被语

音界面插话。即便是人与人之间也有认为对方已经说完，而后却同时开口说话造成矛盾的时候。这就是没有做好说话人交替的一个表现。

想要顺利完成"说话人交替"，需要双方互相观察，要懂得"先等等，看他还要说什么""看来他有话要说，我把话收一收吧"。但如果只关注这些也要失败。我们需要能让说话人打开话题和收住话题的技巧。

下面以日语的轮替开始表现为例，向大家介绍。

漫游标记（谈话标志符）："啊""那个""不过""但是""还是""可是"；
指示词："这""这样""那""那种""那样的"；
说话人自称 / 呼唤名字："叉，事情是这样的""我""咱"；
附和："是""嗯""唉""嘿"。

使用这些表现，日本人就能顺利地做好说话轮替。但我们不知道它能不能应用在语音助手和机器人上。和之前提到的附和一样，如果使用得过于生硬反而会产生违和感和混乱。

除了语言外，机器还需要从眼神交流、坐姿站姿这些行为中预测出最恰当的轮替时机，人们目前正在研究这种技术。2018 年 4 月，微软推出了一套搭载 AI 技术的语音识别系统，这套系统支持识别多个人的声音，并同时进行分析，还能预测人说话时的间隙和"说话人交替"的时机。这就是"Full Duplex Voice Sense"—— 一款支持无唤醒词对话的系统。

语音表现和感情

语音表现中，以音韵、抑扬、音高、强度、时长、停顿等音响关联量来表现的特征被称为 "韵律"。韵律可以分为 "与语音制约相关的韵律" 和 "心理上的韵律" 两大类。"与语音制约相关的韵律" 包括音高、抑扬、音韵和声调等。"心理上的韵律" 则包括喜怒哀乐等感情和冷漠、热心等说话人的态度。心理上的韵律有着超越语言的普遍性。

这里给大家介绍一个有趣的实验——动画片《精灵宝可梦》的皮卡丘实验。这个实验选用了日本和美国的幼儿和少儿为实验对象，让孩子们分别用 "喜悦" "悲伤" "愤怒" 和 "平静" 四种感情发出 "皮卡丘" 的叫声，再听取录音匹配情感。结果是 "悲伤" "愤怒" 和 "平静" 这三种感情并不受其母语影响，因而表现一致。换言之，语音的感情表现即便脱离母语也能在一定程度下得到理解。

瑞士黏土动画《企鹅家族》的主人公帝企鹅 Pingu 讲着一口谁也听不懂的 "Pingu 语"。Pingu 不论喜怒哀乐都只会说："Noot，noot！"（这是外国人对企鹅叫声的音译），但就算不看画面我们也能理解它的感情。电影《星球大战》中的机器人 R2-D2 的声音虽然是使用合成器合成敲击水管的声音和哨音，但也会配合人类表情发出相应的音色组合。

我们可以根据动画前后的剧情和角色的表情来推测感情，但就算是闭上眼睛听到的是难以理解的语音，我们也能借由韵律分析出感情。现在许多大学都在研究为什么人类对于即便是不能识别的语言也可以领会其中的感情，同时也在研究如何将其应用于机器人。

语音合成与间隙

系统的回复是"语音合成"的声音。最近很多语音合成引擎都开始支持识别各种感情，音质也变得自然，同时也能实现类似人类对话的语音表现。今后的课题是何时、如何给机器人赋予感情。虽然要表达欢乐，但声音中一直带着"欢乐"的情绪就显得有些做作了。

此外，人类之间的谈话是会留有间隙的。当然，有时候也会刻意留出说话的空当。通过"间隙"可以加深感情以及给对方留出思考的时间。"间隙"有三种分类，分别是"了解""期待"和"余韵"。有让对方理解，给对方平和的印象而使用的"间隙"；也有为了吊足对方胃口，比如"其实……"之类的"间隙"；还有为了互相传达感动或恐惧的时间性余韵的"间隙"。

"间隙"的使用方法千变万化。在表达技巧中，我们也常常提倡使用间隙，这里的"间隙"恰属于一种韵律。虽然"间隙"几乎没有应用于语音界面，但笔者认为它是对话表现的重要因素，并且笔者也在研究它的使用场合。

由于语音合成技术以及与之一同发展起来的多彩的动画制作工艺的助力，语音助手和机器人的行为表现变得十分丰富，可谓前所未有。但由于我们只是机械地给它们赋予喜怒哀乐，因此他们的实际表现并不自然。

交互作用

　　与系统形成上下句的对话叫作"交互"，而交互的设计过程叫作"交互设计"。广义上说，之前提到的会话方案和角色感也属于交互设计。但这里我们说的是狭义上的交互设计，即人和系统间最原始的输入输出界面。

　　此时，对于系统来说输入的是声音，是语音识别、语义分析、意图分析这一系列处理。相信从头开始读到此处的读者一定会想起，语音界面六大基本功能中处理部分的一切环节。另一方面，输出是对话生成和语音合成。之前也讲到过，语音合成功能也影响语音表现。就算对话脚本再出色，由于语音合成的表现不过关，回复一句话就要 5 秒，同样会让使用者感到扫兴。反应速度是交互中尤为重要的一大要素。想必各位都有过因为触摸屏反应慢而感到焦躁的时候吧？自然反应中，反应速度是十分重要的一大因素。

反应速度

　　大家知道人在说话时的反应速度，即应答（回复）需要多长时间吗？根据调查，智能音箱和对话机器人的应答速度平均为 3 到 4 秒，而人类对话中的应答速度不到 1 秒。只要用录音设备将会议内容或家人间的闲聊记录下来再调查一下，便能知道是不是这样，有兴趣的朋友可以试一试。电视剧中人物的反应速度也差不多是这样。笔者也观察过英语国家人们的日常聊天，结果反应速度也在 1 秒以内。

我们不妨看一看目前已有的用户界面，应答时间都在 1 秒以内，这样才能不打断用户的思路。对用户输入的反应速度一般推荐在 2 秒以内。当然，反应速度受双方关系和所谈话题的影响，但就算一时无法回答，也能嗯嗯啊啊地回应一下，不管是什么反应也都在 1 秒以内。因此，如今的语音界面应答速度平均都在 3 秒，这个速度算很慢了。

有些朋友在使用智能音箱时，一定有过一次发话未识别而再次发话的情况。这是一种非常令人焦急的状况。虽然我们知道自己在对着一个系统说话，需要多花些时间，但回顾我们长年使用语音界面的经历，应该也没有等过那么久。

语音界面的语音识别和对话引擎多数都依赖云端处理，由于使用了网络，因此可能会受网络延迟的影响。近年来，网络速度越来越快，数据量越来越大，但之所以应答速度能减少到 1 秒之内，并不只是因为这些基础设施的进步，也要仰仗语音界面技术本身的进步。据说搞笑艺人台词的上下句也严格保持在 1 秒以内。机器要想制造一个笑点，怕是要超过 1 秒了。

脑和心

最后讲一讲"脑"和"心"，这就相当于人类的"记忆"

和"感情"。其中包括机器根据和用户的对话记录（＝记忆），自主说话。比如，"上次提到的那套衣服，后来怎么样了啊"等个人或家庭的独有话题，如果能做到这样就更有"人味儿"了。语音表现也应该富有感情，但无论句子多么情真意切，比起单纯的语音合成，更能让人感受到真情流露的声音才有"人味儿"，也会让用户更乐意对话。比如，足球赛大胜而归后的对话：

用户："我回来了！"
系统："你回来了？比赛结果怎么样？"
用户："赢了！"
系统："666！真厉害啊！太棒了！"

如果系统最后那句台词显得欢欣鼓舞，我们一定会感到高兴吧？这属于增强交往型会话共鸣的回答，即便同样的台词，如果读出来平铺直叙"666——真厉害——太棒了——"也会扫人兴致。现在最热门的研究就是，如何让系统适时在对话中表达出正确的感情。

让声音富有恰当的感情

有论文称，让系统能配合用户说话时的感情做出带感情的回复，这样能给人"感情丰富""趣味盎然""印象深刻"的感觉。像之前提到的比赛后回家，如果胜利了（说话人情绪高涨），系统便会合成欢呼雀跃、喜气洋洋的声音，并进行回复；反之，如果输了比赛（说话人情绪低落），系统的声音也会随之显得沮丧，这才是优秀的系统。虽然很多人会觉得这是很自然的现象，但也有人和人之间的谈话与人和机器人、语音助手的对话完全不同的情况。因此，人类间所谓的"自然"，在系统上一定要建立假说加以验证。

也有其他论文和研究有过这样的假说：如果系统能和说话人的感情达到协调才更受欢迎。但实现这一切的前提是能够准确推断出说话人（人类）的感情。以之前的比赛为例，胜利＝高兴、失败＝悲伤，这样就比较好理解，但人类喜怒哀乐的表现也不是这么简单的，因此系统可能会出现感情识别错误。除了声音信号，系统也可以通过面部表情推测人类感情，但目前尚不能实现百分百的正确。如果系统把欢乐喜悦的积极感情和悲伤愤怒等消极感情混淆，便很容易产生不自然和不愉快的感情。

正确领会感情是困难的

笔者对于完全配合说话人感情的假说本身就抱有很多怀疑。日本人不会直来直去地表达感情，甚至会根据对方的立场，控制自己的感情。比如，送礼的时候会特意说"小小心意，不成敬意"。对于日本人来说"小小心意"不等于"不值钱的东西"，系统则会将其理解为消极意义的感情，并回复"那我不要了（怒）"。看来配合说话人的感情也要懂得随机应变。

另外，人懂得什么是真性情、什么是场面话。有时实际说出的话和心理状态是不同的。比如，朋友说 "我中了夏威夷免费旅游的奖了！"（欢乐），我们可能反应积极："是嘛！恭喜了！"但心里却充满妒意 "不错啊，旅游不要钱。我多少年没出国旅游了？诚心气我！"也就是说有的人是心口不一的。面对这样的态度，那位朋友便会说："谢谢你了，到时候给你带礼物回来！"这从语法上看不出毛病，也是一段正常的对话，但是从心理和感情上看呢？虽然给系统赋予感情能让机器更接近人，也能提升会话给人的印象，但倾听一方的印象和价值观却千差万别。因此，系统应该准确推测感情和话语的意图，并解读用户的感情和心理，从而做出反应吗？这也是人类交流本来存在的问题。

笔者确信，不久的将来，语音助手和机器人说话也会 "用脑" 和 "走心" 了。不过脑和心如何开发，笔者也在进行许多研究，但这无疑是实现类人化和自然对话的一大重要因素。

对话的六大要素

之前我们对语音对话界面的六大必备要素分别做了解说。会话的自然度和类人印象的重要基本要素在于 "对话表现" "交互作用" 以及 "脑和心"。不仅是系统，人与人之间的对话也是如此。如果不能实现表达感情、语音识别、理解说话内容、模拟说话时的表现，双方会话（对话）时便会产生冲突和误会。这是对话中的基本部分。

此外，比对话（会话）的趣味和乐趣更重要的、可以提高对话体验的要素，是"角色""内容"和"会话方案"。虽然对话脚本和回答台词越多越好，但即便如此也难免让人厌倦，因此认真设定角色，并为角色配上合适的会话内容和会话方案尤为重要。这六大要素是笔者个人整理出来的，如果除此之外还有其他的对话（会话）要素，今后将做补充。

交互作用分析

所谓"交互作用分析"（Transaction Analysis）是美国精神科医生艾瑞克·伯恩（Eric Berne）的交互理论之一，他采用了心理疗法分析了人们的交流是否顺畅以及交流中所遇到的问题（以交互作用分析为基础，将人的精神状态分为五类，形成了一种名为"自我状态量表"的性格诊断法）。

"父母""成人""孩子"的精神状态

交互作用分析中有三种精神状态。"自我状态量表"中包含"父母"P（Parent）、"成人"A（Adult）、"孩子"C（Child）三种状态，因此也叫作"PAC 量表"。由于它是表示个人状态的量表，因此该理论就认可了人的自我状态的瞬息万变。

P（Parent）：父母的自我状态，下意识模仿父母的行为和想法。

A（Adult）：成人的自我状态，冷静地行动和思考。

C（Child）：孩子的自我状态，如儿童时代经历一般的行动和思考。

交互作用分析假设人在对话中自己的特定自我状态会像对方的特定自我状态传达信息。对话顺畅时称为"互补沟通"，对话不顺畅时称为"交错沟通"。说起来虽然很难，但看到图的时候就很容易理解了（见图 7–3）。

例 1：A↔A

（1）"给我一份结果报告。"
（2）"好的，明天发你邮件。"

例 2：C↔C

（1）"我想去迪士尼乐园！"
（2）"说走就走！坐什么去？"

由于双箭头表示平行关系，也称为"平行沟通"，这样的对话能够顺利进行。P↔C 和 P↔C 也是一样。而箭头交错的交错沟通则会引发沟通事故。

例 3：A → A、P → C

（1）"明天几点开会？"
（2）"这种小事都要问，你的记性呢？"

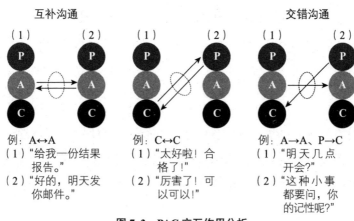

图 7-3 PAC 交互作用分析

例4：A → A、P → C

（1）"这也叫报告？给我重写！"

（2）"我需要改哪里，能不能说详细一点？"

如果箭头交错，轻则不欢而散，重则话不投机当场动手（苦笑）。此外，还有"反面沟通"（双重沟通）。下面举一个例子：

（3）"大夫，我儿子的手术就拜托你了！"

（4）"放心，我一定尽心尽力！"

这种沟通看上去好像 A↔A 型，但（1）的真实心理是"你要知道手术失败非同小可，到时候你必须负责！"因此，这其实是 P → C 型对话。真性情和场面话也属于"反面沟通"。

违和感：儿童角色口出术语

之所以前面要谈自然对话的交互作用分析的话题，主要是因为人和语音助手以及机器人对话时，对话交互作用一样成立。实际上，我们和 bot 或者机器人做交流时，也会有交错沟通现象。

比如，我们问平时角色语气为 C（Child）的语音助手"你知道什么是 AI 吗"，结果它用专业术语开始阐述维基百科的信息。此时，它的回答语气便成了 A（Adult）型。虽然它提供了正确无误的答案，但一个儿童角色的语音助手突然冒出一堆难懂的专业术语，这总会让人感到违和吧？

正如 PAC 量表的分析，人的心理状态各有不同。人们对这些心理状态十分敏感，在沟通时也会十分注意这些。笔者认为，设计语音助手和机器人也同样要考虑到这一点。

语音界面和对话中的语言文化差异

语音界面会受到文化和语言的极大影响。本章基本上以日语中的对话（会话）为中心展开讨论，那么其他语种又如何呢？

前文提到的"自然对话六大必备要素"是所有语言共通的，也就是说这六条属于普遍要素。当然，由于文化、习惯的不同，也会有些许差异，但没有经历过多文化交流的人是体验不到这些差异的。

日语：关系对等，少有夸奖

平田织佐谈到过"日语在现代化进程中没有产生出平等对话用语"。例如，日语中对"身份高"的人要用敬语，对"身份低"的人也要使用很多褒奖赞扬之辞，但对等关系中，这种褒奖之辞却相当少。英语中有"wondeful!""amazing!""great!"等许多不分身份地位都可以使用的褒奖之辞。由于日语中这类词比较少，因此只好借用英语，造出"ナイスショット"（nice shoot）或"ナイスピッチ"（nice pitch）之类的外来语。像英语中的"good job!"这样不用分身份地位就能直接使用的词几乎没有。日语必须要遵照前文的交互作用的 PAC 量表来进行措辞。

此外，在日语中有时同一句话，男性使用没有问题，而女性使用便让人感到别扭。在这里再引用一下平田先生的著作，上司叫下属替他复印一份材料时，男性上司会说"これ、コピーとっとけよ"，而女性上司则会说"これ、コピーとって頂戴"①。在这里我们不展开讨论，但需知有些话男性可以说，女性就不方便说（反之亦然）。总之，平田先生倡导我们今后需要习惯用一些没有性别差的语句，例如，"これ、コピーとってください"②，制定好"平等对话"用语。

---

① 两句话都是"给我复印一份"的意思，但在日语中前者是男性用语，后者是女性用语。——译者注

② "给我复印一份"之意，没有特定性别。——译者注

高语境文化和低语境文化

日本文化被称为 "高语境文化"，而所谓高语境就是指在沟通中能共享很多体会和价值观，对心与心的交流重视程度高。日本文化重视 "察言观色" "审时度势" 等。有时，日本人即便不有一说一，也能传情达意。极为依赖用语言表达心意的文化则称为 "低语境文化"。

高语境文化和低语境文化是美国人类文化学家爱德华·T. 霍尔（Edward T.Hall）率先提出的，其中日本、中国和阿拉伯国家属于高语境文化，而美国、德国、瑞士等国家属于低语境文化（还有其他分类）。高语境文化讲究含蓄，不喜欢直问直答，而重视通过 "察言观色"，分析状况和感情。因此，较为依赖听话人的解读能力。低语境文化则喜欢直言不讳的表达，因此说话人要担负更大的责任。

语境对语音界面有多大的影响呢？在图 7–4 中，系统更容易处理直接通过语言就能解读的低语境下的任务型指令。高语境讲究敏锐地察言观色，通过感情变化挖掘真意，显然系统很难理解。即便日本人习惯了生活在高语境文化之中，近来也尝遍了交流的辛苦，因此容易想象察言观色的难处。

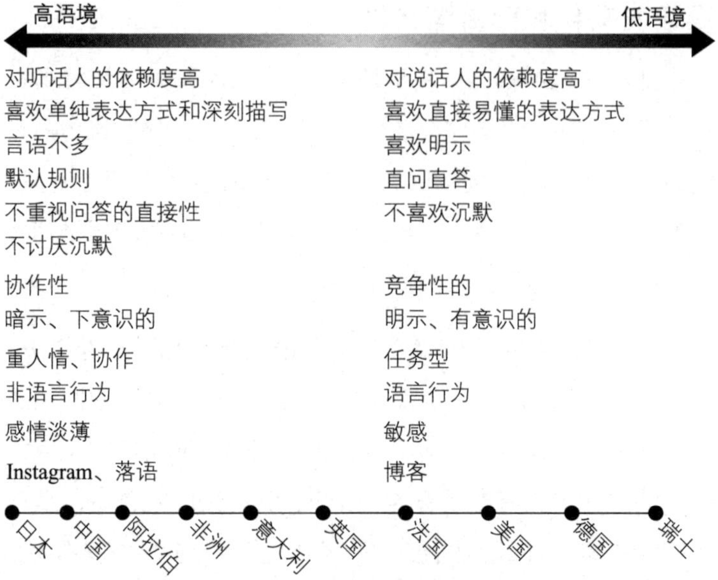

高语境　　　　　　　　　　　　　　　　　　低语境

对听话人的依赖度高	对说话人的依赖度高
喜欢单纯表达方式和深刻描写	喜欢直接易懂的表达方式
言语不多	喜欢明示
默认规则	直问直答
不重视问答的直接性	不喜欢沉默
不讨厌沉默	
协作性	竞争性的
暗示、下意识的	明示、有意识的
重人情、协作	任务型
非语言行为	语言行为
感情淡薄	敏感
Instagram、落语	博客

日本　中国　阿拉伯　非洲　意大利　英国　法国　美国　德国　瑞士

图7-4　高语境和低语境

日语不适合语音界面

　　看来日语和英语等低语境文化下的语言相比，并不太适合应用在语音界面上。在会话中，日语的主语经常缺失，如果不按照前文提到的 PAC 量表进行会话便会引起对话事故，而且听话人也要懂得察言观色。总之，难题太多。虽然如今在用户界面技术开发中，语言和文化差异并没有太大的影响，但今后为了趋近"自然对话"，这些文化差异可能会大大影响语音界面的完成度。

　　也就是说，会发生英语能顺畅对话而日语却完全达不到顺畅的状况，甚至是在英语国家大卖的语音界面产品在日本却受到冷落。为了不让这种状况发生，日语语音界面的开发人员应当好好去了解日语，仔细研究系统的构成，并且还要知道应该设计出怎样的用户体验。

恐怖谷现象与对话

本章的最后一部分探讨 "恐怖谷现象与对话"。恐怖谷现象是机器人工程学家森政弘在 1970 年率先提出的理论。这一理论的主要内容是：机器人的外观和动作越像人类，越容易获得人类的好感，但到达某一程度时好感会突然变成厌恶，直到机器人的外观和动作与人类无法区分，厌恶又会变成好感。图 7–5 中起先呈抛物线的上升趋势陡然下降，形成一个 "谷"，这个 "谷" 就是恐怖谷。这一现象就是 "恐怖谷现象"。

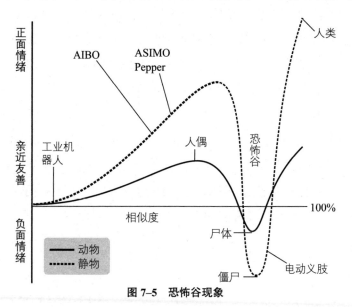

图 7–5　恐怖谷现象

仿生机器人的面部皮肤以及眼珠几乎和真人别无二致，正是由于太过接近人类，因此反而让人感到厌恶。这就是恐怖谷。在机器人设计和 CG 动画制作中，人们会使用变形器等技术，削弱恐怖谷现象。

　　恐怖谷现象一般适用于事物外观，但在语音界面中其实也有恐怖谷现象。初音未来使用的语音合成引擎"VOCALOID"，特意降低了与人声的相似度，来避免恐怖谷现象。

　　最近，传统的机械性语音合成有了发展，合成音更接近人声，这不得不说是语音合成技术的一次进步。"机器腔"彻底消失了，它们的声音更接近人声，但语调、音高以及尾音总还是有些"违和感"。如果大体上与人声无异，但却有些微妙的违和感，这样的语音会不会造成恐怖谷现象呢？这个问题很难回答，但笔者大胆假设，如果我们的对话发出的声音和语音合成一样，这样的违和感其实就相当于恐怖谷图片中的负值部分。看上去是一段流畅的对话，却因为意想不到的一句话露出了违和的尾巴。比如，对话刚刚还是 A（Adult）的口气，转瞬间又变成了 P（Parents）或 C（Child），喜怒哀乐表现过激，表现得宛如精神分裂。今后，语音对话引擎将会继续进化，对话功能也会越来越强大，但我们仍旧逃不开这片存在违和感的山谷。

小结

本章以语音界面的"对话"（会话）为中心做了分析和说明。语音界面对话和系统组合时，我们先要明晰理论上的所谓对话。在日语会话中，日本人下意识使用的说法和做出的表现都有重要的意义，并且有些尚未明确的成分不能从学术上进行分类。用户界面恰恰反映出了，语言既是生物（人）范畴，又是文化范畴的本质。

此外，声音的交流中蕴含着说话人的心理状态及情感态度。虽然我们能在一定程度下，通过表情和声音判断人类的心理和情感，但想要取得正确无误的信息还是很难。人类的表面感情和内心感情本就可以相异，看来想要让语音助手和机器人达到和人类完全一样的交流水平，还是任重而道远。但我相信技术正在一步步地走向成熟。

第 8 章

语音界面商业势力图

这一章将向大家介绍语音界面的商业环境。语音界面需要应用到许多技术，不仅是机器人和智能音箱，许多家电也开始支持语音界面。下面介绍一下世界上从事这些技术的开发工作的主要企业。

语音识别技术开发企业

我们先来看看语音界面必不可少的"语音合成技术"。国际上的知名企业主要有美国 Nuance 公司、谷歌、微软、苹果以及亚马逊公司。日本国内企业主要以日语为主进行技术开发，主要的企业包括 advanced media、Fue Trek、NTT。除此之外，还有 raytron（总公司在大阪），这家公司主要销售语音识别用大规模集成电路（LSI）"Voice Magic"。此外，还有一些企业正在独立研发。

美国 Nuance 公司

Nuance 公司前身是 SCANSOFT 公司，当时主要研发文字识别（OCR）技术。2000 年收购了一家语音识别公司，此后又通过多次并购，吸收了许多语音识别技术，如今已经发展为世界级语音识别企业。Nuance 公司的技术如今已经支持超过 50 种语言，语音识别相关的专利也位居世界第一，AT&T、微软以及谷歌紧随其后（1980–2012 美国专利商标）。这项数据已经是六年前的结果，因此如今可能多少有些变化，但 Nuance 公司的技术保有量仍是数一数二的。

苹果公司的 Siri 也采用了这家公司的语音识别技术。此外，Nuance 公司还致力于研发呼叫中心和车内语音识别导航系统，包括车内采音技术（降噪技术等）。Nuance 公司拥有许多门类的技术，因此可以提供一整套解决方案，目前公司正在研发一个互联汽车平台，即"Nuance Dragon Drive"系统，这套系统能为驾驶员提供智能辅助。夏普的移动电话式机器人"RoBoHoN"和松下的液晶电视"Smart Viera"等也采用了 Nuance 公司的语音识别技术。

美国谷歌

谷歌为了和 Nuance 公司竞争，正在开发支持超 110 种语言的语音识别技术。其实谷歌公司开发语音识别技术的历史并不算久，直到 2004 年，开创了 Nuance 公司的迈克·科恩（Mike Cohen）加入谷歌后，谷歌才开始正式研发。2007 年，谷歌推出了支持语音识别的电话号码查询服务"GOOG-411"，这也是谷歌公司推出的首个语音识别服务。

随后的 2008 年，谷歌在移动端 App 引进了语音识别功能，2013 年谷歌收购了一家自然语言处理企业——美国 Wavii 公司，同时也收购了几家神经网络研究企业。谷歌的这一系列动作都是为了给公司配备语言处理技术，进而发展语音界面技术。2016 年，谷歌公司已经可以向第三方提供支持实时语音转化的语音识别云端服务。

美国微软公司

早在 1990 年，微软公司就开始着手研发语音界面。当时，比尔·盖茨率先倡导使用语音及点触等使用人类自然技术就能使用的界面 NUI（Natural UI），微软的研发部门也展开了各种技术研发。其中比较有代表性的是 Xbox 360 搭载的 Kinect 外设，它支持通过手势和身体动作进行系统操作（手势 UI）。其实 Kinect 还内置了麦克风，因而也支持语音识别。

2007 年，微软收购了 Tellme 网络公司，强化了自己的语音识别技术，2017 年 8 月微软宣称，自家的对话型语音识别任务的错误率已经低至 5.9%，几乎和人类相同。5.9%的错误率已经相当于专业记录员的识别水平。这些技术也同时应用到了微软小娜上。

AmiVoice Midea 公司

日本国内企业中，1997 年创立的 AmiVoice Midea 公司（总部位于东京）以语音识别技术"AmiVoice"为主，同时也提供呼叫中心等服务，主打业务是商用语音识别（B2B）。最近公司研发的"AmiAgent"开始作为三菱 UFJ 银行虚拟柜员投入市场，"AmiVoice Cloud"则被应用于 KDDI 手机操作服务"语音助理"，公司开始发展旗下的语音助手业务并提供面向消费者的服务。

作为语音识别技术供应商，公司在日本国内语音识别市场的销售额连续三年位居首位（至 2017 年）。

FueTrek 公司

FuelTrek 公司（总部位于大阪）成立于 2000 年，主要提供语音识别、语音翻译技术等服务。主打语音识别技术"VGate ASR"应用于 NTT DOCOMO 的"对话精灵"。此外，在汽车导航领域，主要应用于先锋 CYBER NAVI 系列、ZENRIN DataCom 的 ITSUMO NAVI、JVC kenwood 的"彩速导航"。家电领域主要应用于松下空调遥控语音识别以及 HikaritTV 用遥控器上。对话机器人领域则应用于第 4 章介绍过的 unibo 和 KIROBO mini 伴侣机器人。

语音合成技术开发企业

日本国内的语音合成技术企业主要有 HOYA、东芝、AI、NTT 技术（前身为 NTT-IT）、日立、Arcadia、雅马哈、NEC 等多家企业。这些公司除了提供日语服务之外，还开发支持英语、中文等多语种的语音识别技术。此外，近几年感情发声合成技术发展，系统语音变得更趋近自然。

不过，就笔者对各个公司的语音合成技术试验的结果来看，将文字直接输入语音合成引擎得到的语音中，固有名称、关联词等部分的发音仍有违和感，还有改进的余地。各公司应事先将正确的发音声调录入系统，并逐词调整音高及语速，这样才能实现点对点的定制语音。

语音界面解决方案供应企业

最近，面对对话型机器助理以及 AI 机器人市场，提供集成化解决方案的企业如雨后春笋不断增加。正如第 5 章所言，语音界面需要靠许多技术支持。供应商和中小企业几乎不能提供这些支持，特别是如果要开发语音对话 App（语音助手或 bot 等），就不得不从其他保有各项所需技术的公司购买技术。

因此，能集中提供语音识别、对话生成、语音合成等一系列语音界面必要基本功能的云端服务不断增加。比如，美国 IBM 公司、亚马逊、谷歌以及微软等国际知名企业。

美国 IBM 公司

IMB 公司早在 1997 年便开始研发能够理解自然语言的决策支持系统，这款配备 AI 的系统名为沃森。2011 年，美国问答节目《危险边缘》（*Jeopardy*），沃森战胜了当时的答题王。如今,沃森配备了多种应用程序编程接口（Application Programing Interface，API）。如果你是第一次听说 API 这个词，那么你可以理解成从机器外部便能轻松使用的功能。沃森的 API 大致分为"语言类""语音类""图像类"和"知识探索类"四大板块。

语言类 API

会话（Conversation）：与终端用户对话的自动化。

语言转换（Language Translator）：将文本翻译成其他语种。

文本分析（Natural Language Understanding）：通过对自然语言的文本分析，提取概念和关键词等信息。

自然语言分类（Natural Language Clasifier）：解释自然语言的意义，将关联度赋予可信度等级进行分类。

性格分析（Personality Insights）：从文本中推测使用者的个性（大五人格分析、价值、需求）的三个特征。

感情分析（Tone Analyzer）：分析文本中出现的语调和感情（不含日语）。

知识工作室（Knowledge Studio）：让沃森了解行业和领域的语言差异和使用方式的应用程序。

语音类 API

语音识别（Speech to Text）：由语音转化为文字。

语音合成（Text to Speech）：通过文字合成自然语音。

图像类 API

图像识别（Visual Recognition）：分析、识别图像中的物体、情景、表情等。

知识探索 API

探索（Discovery）：大数据检索与适当的决策辅助。

此外，还有许多不支持日语的 API 多数都配置了沃森系统。

沃森引进范例

目前，日本已经有使用沃森系统的服务了。比如，日本航空公司面向去往夏威夷游玩的游客，结合性格诊断及夏威夷旅游信息，打造了一款虚拟助手 "Makana 酱"。此外，雀巢（日本）、乐天、三井住友银行、瑞穗银行以及 JR 东日本等企业相继引进了支持沃森系统的对话机器人和机器柜员。

2016 年发布伊始，用户可以在 30 天之内免费试用这些沃森的 API（之后开始收费）。2017 年 10 月，IBM 发布了 "IBM Cloud lite-account"，它支持不限时免费试用。不论是供应商还是个人，自此都能轻松使用 IBM 沃森 API 以及 IBM Cloud 功能。

云服务

亚马逊提供的云服务名为 Amazon Web Services（AWS）。AWS 支持包括机器学习在内的多种 AI 技术，并配备了语音界面专门服务，如 Amazon Transcribe（语音识别服务）、Amazon Comprehend（自然语言处理＋感情推测）、Amazon

Translate（自动翻译）、Amazon Polly（文本朗读）等一系列服务项目。

谷歌也提供了自家的云服务 Google Cloud Platform（GCP），该平台提供"语音识别""自动翻译"等机器学习处理引擎（免费内容根据使用次数附加条件）。

微软云服务名为 Microsoft Azure，该平台配备了包括语音识别、自动翻译、人脸识别在内的 30 多种 API。

日本国内供应商

NTT DOCOMO

再看日本国内，NTT DOCOMO 在 2017 年发布了 AI 代理基础（俗称 PROJECT：SEBASTIEN），并在 2018 年开放免费使用。硬件（外设）制造商也开始在各种公司的产品上使用 NTT 旗下的"AI 代理基础"用以实现语音助手功能。此外，服务提供商和开发商也可以开发和提供硬件驱动的应用程序和服务。

在这套"AI 代理基础"中，有适合个人使用的"基础代理"和为服务业者和外设打造的"专业代理"，共两种代理模式。"基础代理"会优先听取用户的需求，再判断自己能否解决。如果不能解决，便会呼出"专业代理"，提供更精准的服务。Tabelog、高岛屋以及英特尔公司都已和 NTT 建立了伙伴关系。

此外，NTT DOCOMO 还一直提供一款名为 docomo Developer support 的语音对话（面向对话机器人和 bot）的解决方案。它支持包括语音识别（支持 NTT 技术、advanced media 的引擎）、语音合成（支持 AI、HOYA、NTT 技术的引擎）、语言分析（支持 goo、Jetrun 技术的引擎）、知识 QA、脚本对话、聊天对话等许多用于自然对话的 API。docomo Developer support 正在日本国内 App 和服务上大显身手，应用者包括横滨市资源循环局负责支援宣传"垃圾分类回收"的对话机器人（EO）、ABC 烹饪工作室的"日常食谱制作"支援机器人等。

LINE

2017 年 3 月，LINE 发布了云 AI 平台 Clova。Clova 项目由 LINE、丰田汽车以及韩国 NAVER 共同研发，该项目得到韩国拥有超高人气的检索门户网站 NAVER 的检索技术加持，Clova AI 平台集语音识别、语音合成、图像识别、自然语言处理及推荐引擎于一身，以自主开发为基础，计划向第三方提供服务。

其他日本国内企业

日本的一些其他企业也在进行语音对话解决方案的开发。夏普计划开发能够陪伴使用者的 IoT（AIoT），其也包含了语音对话解决方案和聊天服务。东芝 Digital solution 推出的 RECUIAS 包含语音识别、语音合成、语音翻译、语音对话、知识处理、图像识别等功能，这些都是东芝集团独立研发的技术。虽然日本厂商也在努力开发各种解决方案，但向个人和企业提供免费试用 API 的，除了 NTT DOCOMO 之外，再无别家。

小结

语音识别和语音合成技术的研发并非一日之功，早先就开始研究的企业相对占有优势。特别是有些公司拥有能支持数十种语言的语音识别技术，这样的公司才能居于不败之地。由于日语专供以及 LSI 化等硬件开发、聊天机器人的火爆，许多企业都开始走集成化道路，着手开发成套解决方案。此外，像 AWS 和沃森等系统的出现，创造了一个无论个人还是企业都能轻松廉价地开发 API 的大环境，今后将会有更多程序和服务进入我们的视野。

机器学习和深度学习等提高人工智能精准度的必备技术被称为学习数据。而今后以 AI 为主打业务的企业势必将收集大数据作为一项课题去攻克。关于这一点，谷歌、亚马逊、微软等企业可以不断从各自开发的平台、OS 以及语音助手上获取学习数据，从而反哺自家企业的技术并形成竞争优势。

日本企业中，NTT DOCOMO 不是将 API 技术私用，而是将各家企业的技术及数据作为 API 公开，和开发者一道创造更多更新的价值和服务，从而推进 docomo Open Innovation support 项目。这个主要针对日本国内企业。

今后，日本企业在语音界面解决方案领域也将为世界关注的行业率先提供支持。

第 **9** 章

语音界面的未来

09 音声に
未来は
あるか

我们回顾了语音界面的历史，以及技术、特征、问题和今后将会备受瞩目的语音对话，并就其具体范例做了介绍。笔者觉得读过本书的读者势必会对语音界面充满希望，但同时又抱有很多疑问，甚至是不安，可能会问："语音界面真的能够得到推广吗？"在本书最后一章，笔者将向各位阐述一下笔者心目中的语音界面未来图景。

语音界面尚在起步阶段

之前也提到过，想要实现语音对话需要依托许多成熟的技术，而且还需要高度统合。语音技术被称为多模态，除此之外，综合判断人脸识别和手机操作等状况也十分重要。

特别是对话生成部分，虽然通过机器学习和深度学习得到了突飞猛进的发展，但根本上还只处于起步阶段。虽然命令级指令和任务型语音界面已经走进现实，不过今后的主流将会是对话，可惜这方面的技术仍旧不算成熟。反过来说，今后技术进步、升级的前景仍是一片大好。

语音商业的未来

呼入语音

近年来B2B也开始使用语音界面。这里举一个例子，那就是语音实时同传，它是一种十分引人瞩目的呼入策略。

来访日本的外国人逐年增加，2020 年东京奥运会、残运会也即将迎来开幕。日本正在尝试通过在出租车后座设置显示屏，提供自动翻译服务。

电子显示板、导游机器人等今后也将配备自动翻译和语音导航功能。一个外国人想去东京塔时，如果是第一次使用电子显示板，结果一顿尝试毫无头绪，倒不如用英语说一句："Could you tell me the way to Tokyo Tower？"或者干脆说："Tokyo Tower." 单凭一个单词就能获取导航服务，这显然更便捷。除了英语，今后也将支持其他语种。

报告书写作及新闻朗读

语音识别用于业务改善的例子也开始增多了。比如，会议记录的自动生成、每日报告写作等，语音输入远比键盘输入快得多，而且免触输入也让语音界面备受关注。为了缩短 X 光图谱的解读时间，语音界面已经被应用于医疗领域。语音合成可以用于朗读新闻和天气预报，此外电视节目的旁白也使用了语音合成技术，我们平均每天都能听到一遍语音合成的声音。

使用呼叫中心

在语音对话技术领域，以客户服务中心为代表的呼叫中心也开始使用语音界面，因为商品问题咨询和投诉内容比较单一。通过语音识别并实时解读客户的语音，由于使用了

AI 技术进行学习，系统可以向使用者提供备选回答。面对这种状况，我们将反复提问并确定问题，以便分析客户的问题，把对话算法运用到这种互动（过程）中。

我们会记录、文字化所有实际进行的对话，并将其全部录入数据库中。随后我们将其作为学习数据，进行再利用，从而提高机器学习的精度。在这样的 CRM（客户关系管理）系统中，语音界面将如鱼得水，开始被迅速推广。

综合服务支持

机器人和语音助手有望成为宾馆等公共设施的综合服务主管。它们可以解答包括楼层引导、观光向导、店内导购、交通导航、天气预报等常见客户问题。它们能积累和客户的实际对话，这样不仅可以推导出客户的动向和他们提出的问题的解决方案，还可以帮助机器进行更准确的对话应答。语音界面可以大大消减用工费用，因而受到很大的关注。由于语音助手和机器人的对话结果可以共享给他人（员工、主管），我们也可以期待它能有助于提高行业服务水平。

2018 年 4 月 18 日，CyberAgent AI 技术研究小组 AI Lab、大阪大学基础工学研究科的石黑浩教授以及东急不动产控股发布了三方合作研究的宾馆机器人接待试验项目结果。在接待试验中调查了"客人对宾馆机器人的反应"，结果显示"虽然对机器人态度并不积极，但设置机器人不会对客人造成心理压力，反而能调节氛围"。可见，对于宾馆环

境来说，机器人并不令人反感，只不过我们还需要探索如何
让人（客人）主动和机器人对话。

智能音箱的进化

作为家用机，智能音箱要朝着多功能发展。现在智能音
箱支持的功能包括天气预报、日程表、换乘信息、餐厅检索、
音乐、电影传输等，这些服务都是分别提供的，但今后也将
多功能合并提供，以让用户得到"更优秀的体验"。

比如搜索餐厅准备吃饭的时候，正好天要下雨，而且
你选择的餐厅又离车站较远，系统便会替你预约出租车并提
醒你"出门不要忘了带伞"。这个例子中就包含了餐厅检索、
天气预报、交通导航、叫车服务的多重服务（这是笔者假想
的服务）。

我们还可以想象智能音箱附加监视录像头功能。当下社
会小家庭化（父母和未成年子女组成的家庭）严重加上老龄
化影响，越来越多的家庭开始为了监控家中的孩子、老人以
及宠物，在家中配备监视录像头。但安装监视摄像头有些小
题大做之嫌，而且家人也会有被时时监视的不快，但如果负
责监控的是一台智能音箱或是一个机器人，那么"被人盯着"
的感觉就会减轻。比如，本来奶奶都要起床和家人打招呼，
但今天却没有，此时机器人便会给奶奶远方的亲人发信息：
"今早奶奶没有出来打招呼，是不是还在睡觉？"最近，机器
开始能够一定程度地通过语音识别人的感情，今后机器可能

会测试和记录用户的心理状态。

语音购物还需继续研究

下面看看购物方面。相信本书的读者中肯定有一些"无网购不成活"的人。语音购物时代，说的就是只要对机器人或智能音箱说"替我买"，就能进行购物的时代吗？笔者认为语音购物还是可以购买很多东西的。不过第 6 章也谈到过，孩子不慎买了一大堆矿泉水的状况，看来如果只依靠语音进行购物，风险还是很大的。因此，语音操作应该只保持到刷卡阶段，而手机支付则应该放在第二阶段。此外，智能音箱还需要设置确认步骤，如录入父母的声音，设定只接受父母声音进行付款操作。如果产品名称涉及许多数字，应重复播报，以免误买，有屏幕的智能音箱应该在屏幕上显示文字。

笔者认为，与其直接为选好的商品支付费用，不如让语音对话只持续到"决定购买商品"之前才合理。如果我们能按照这样努力进行 UI/UX 设计的话，语音界面当然可以用于购物。

美国流行的朗读技术

此外，我们也可以期待一下语音技术今后在子女教育上大显身手。在美国，智能音箱的常用功能之一就是朗读功能。Amazon Echo 的 Alex 就支持朗读 Kindle 上的书籍。Google Home 也可以朗读童话。美国对语音朗读最主要的应用就是阅读绘本并向孩子提问。今后，日本也会增添这样的朗读内容。

消费者的接触点

智能音箱是一种仅能发声但不能成像的机器，而今后智能音箱将主打以声音为主的娱乐方式和价值服务。语音的优势便是"同时操作"，它和图像不同，基本没有指向性，因此全家都可以一同使用。希望今后人们可以利用好这一特征，开发出新的服务，为用户创造新的体验。从商业角度来看，不仅要在手机上给消费者提供服务，更要以语音界面作为接触点，让智能音箱和语音助手也能得到人们的认可。

深度理解服务

本田日本研究所的中野先生曾经表示，深度理解下的服务是语音界面所必需的。我们用一个例子来进行说明。比如，提问"在涩谷有可以带 3 岁孩子去的意大利餐厅吗?"现在的系统便会为你列举涩谷附近可以携带孩子进入的意大利餐厅，但其实我们需要它深度理解"可以携带 3 岁孩子"。也就是说,我们需要机器深度理解"3 岁孩子也能吃的菜品""能接受 3 岁孩子吵闹的用餐环境""可以托管孩子，配有方便替换尿不湿的厕所"等一系列的言外之意，并根据这些提供备选餐厅，或者再次向用户询问，再根据结果搜索。只有这样，机器才能具备和人类服务员或管家相近的洞察力。

对话商业未来

今后会有更为面向"对话"的语音系统进入市场。智能音箱上配备的"语音助手"和手机上的仍然大有差别，不过令人惊讶的是手机上的语音助手反而更方便快捷又十分准确。但这就像过去家里的客厅有一台电视"坐镇"，全家人看看节目聊聊家常一样，今后我们家里会有一台兼备机器人和语音助手功能的家电，它就好比一根线，把一家人连在一起。这样的日子离我们还远吗？

可能到时人手一个语音助手（单人专用）或者一人配多个语音助手。我们能和语音助手或者机器人一起购物，它还可以是一个向导（主管），告知我们朋友或兄弟姐妹去了何处。并且我们还能和它分享自己的心情，（作为朋友）和它聊天。

要实现这一切，需要机器能够理解用户比较模糊的表达方式，能及时反应又要支持随时使用。从此我们便不需要使用键盘或触摸屏一点一点地输入文字，而是可以自然地说出想要表达的内容，然后系统便会听令行事，这才是语音界面该有的水平。

在文字聊天方面，微软推出了女高中生 AI Rinna，像这样的女性角色 AI 也进入了市场。

对语音界面企业的期待

那么，今后语音界面研发企业需要有什么样的思路呢？

首先，我们需要认识到，语音界面和以往的用户界面完全不同。诚然，交互设计和 UI 设计两者还是有很多相似点的，但不能单凭操作步骤数和反应速度来评价一种界面。和以往的界面不同，语音界面在很大程度上受到语言和文化差异的影响。有多少种语言就有多少种文化。想要研发出能够适应人类高级交流的语音界面，那就需要语言学和语音学双管齐下。

第 7 章讲到过，日语属于高语境文化，和美国等低语境文化不同，听者不仅要明白语言，还要懂得察言观色、分清状况，这种文化很依赖听话一方的能力。交流中，语音界面的重点不仅仅在语言上，日本人还会重视其他各种因素。关于对话（会话），其影响因素包括个人的性格、感情以及说话内容反映出的价值观等。此外，还需要心理学以及和交流相关的学问。想要研发出适合日语使用的语音界面，就需要重视研究如何处理高语境文化。

笔者用了数年时间阅读了语音对话系统的相关论文不下数百篇。信息处理学会、人工智能学会、音响学会、人性化接口学会、心理学学会、机器人学会、模糊理论学会、交流学会、日语教育学会等许多学会都在研究语音对话系统。换句话说，就是今后应该多多利用非 IT 领域的技术和经验来进行研发设计。我们需要加深对人类、语言、文化的理解，再在这一基础上进行体验设计（UX 设计）。

面向自然对话时代

如今，我们能和"系统"这种无机质的事物进行对话。这对于人类而言是一种未知的体验。和无色透明的事物进行交流的确很困难，这就好比和外星人交流一样。虽然语音界面能忠诚灵活地完成任务，但却听不懂不合语法的会话，遇到这种情况只会不断重复"请再说一遍"，我们人类之间的对话是绝无这种情况的。

今后，随着人工智能技术的飞速进步，许多问题都将逐步得到解决，但对于交流，只是系统单方面的进步显然是不足的，笔者希望看到的是人机共同进步。也就是说，系统要更贴近人，人也要去适应系统（理解并使用）。我们是否应该多注意一些自己说话时的语法？是否应该口齿清晰地说出每个词？诸如此类的问题就好像一个日本人用英语会话时一样令人紧张不安。有种说法是，想要快速提高英语口语能力，先不要过多在意语法和发音之类的细节，而是要尽量用掌握的单词说话。我们和系统对话时，可能同样要不怕失败，大胆开口。

并且，实际上现在许多语音界面的交流方式都更趋近于系统。主流的系统都是在等待用户"说些什么"，今后应该开发一些积极主动地引导用户进行交流的系统。人类其实也是如此，有些人喜欢倾诉，有些人则善于聆听。当下正是人们对语音界面充满期待又深感不安的迷茫期。为了更新人与系统的沟通方式，系统和人类都要转变，我们每天不知不觉地点击着手机屏，自然地和家人打招呼，我相信总有一天我们也会如此自然地和系统进行对话，并且我也将继续参与语音对话界面的研发工作（如图 9-1 所示）。

"哎，你觉得语音对话界面今后会怎么发展？"

"滴滴……"

图 9-1　"自然"对话终能实现

小结

感谢各位读者长久以来的陪伴。

2010 年，我进入索尼研发部门，参与了 NUI（Natural User Interface）的 UI/UX 的开发工作。当时手势 UI 和 AR 的研究可谓如火如荼。手势 UI 就是用手和手指的动作进行操作的界面，这也是科幻电影中经常出现的作为未来象征的用户界面。特别是微软推出的 Kinect 传感器，它可以轻松地识别出人类简单的面部表情和身体动作。由于 Kinect 的异军突起，近年来手势 UI 也被应用于装置艺术等电子艺术和数字显示屏上。Kinect 问世时，语音界面还未受到关注，但实际上 Kinect 传感器也是支持语音识别的。

多年之后，公司为了正式开发语音界面，还专门设立了研究部门。当时我对于语音界面的态度很是消极，一度以为"现在肯定用不了，除非是电影里，除非是高级技术人员专用的"。我认为，既然网站和点触式 UI 都需要有 UX 设计（体验设计），那么语音界面也要在充分理解用户体验的基础上进行一般设计和 UX 设计。

之后我便进入索尼公司，带领公司首个语音 UI/UX 设计专业团队开始了研发工作。但随着开发工作的开展，我越来越感觉到语音界面的前途远大但也充满荆棘，因为语音界面和传统界面大不相同。

我的工作方法是优先考虑用户体验，但关键技术却很不完备，而如果优先考虑技术，则语音界面的使用体验势必不能满足用户所需。特别是因为索尼的产品是要走向世界市场的，在这个前提下，产品就不能只照顾到日语，还要让产品能够理解一定程度的英语和其他语种。虽然本书中的"对话"基本都是针对日语进行的解说，而实际上语言不同，使用规则和习惯也会发生变化。

第 6 章在讨论语音界面的问题时谈到过"有些人对使用语言发出指令感到害羞"。这个问题在亚洲还是比较突出的，经调查，欧美人对使用语音发出指令的思想障碍相对较弱。面对这样的语言、文化差异，应当为其专门做出 UX 设计。

对于我们这些生活在数字时代的人们，平时在使用声音语言时几乎不会特别在意，正因为使用语言太过自然，因而很难把这种界面和理论联系起来。对于这样的界面，应该有什么样的用户体验呢？我们经历了许多挑战。实际上，在用户测试阶段，我们就发现了许多问题。例如，语音启动游戏"最终幻想 14"时，我们让用户自然地说出"最终幻想 14，启动！""打开 FF14！""登录'最终'！""我要玩这个！""老规矩，启动！""去艾欧泽亚"，这些说法都太随意，已经超过诸位的想象了吧（笑）？可见，对于同一个事物不同人就有不同的讲法。

当年在研发 PS4 的语音 UI/UX 时遇到的这些问题，和现在智能音箱面临的难题是何其相似，这不由得让我感慨万千。真希望诸位也能去试着了解一下语音 UX 设计的重要性。

并且，现在若问我人类到底能不能和语音助手或机器人自然地对话，我只能说，我还在寻找这个问题的明确答案。诚然，在一定程度下，自然对话可以实现，这个程度是多少？我们付出多少才能判断对话成功呢？这些问题很难回答。试验证明，动物型玩偶和几乎不会说话的幼儿型玩具可以一直交流。有时候我甚至会想，难道系统就不会用它们那似懂非懂的语言进行交流吗？这就像早年间的"人面鱼"能巧妙地引导用户发话，而掩盖语音识别的不足，这样一来反而让人类觉得是自己说话有疏漏。

创造人与系统的崭新交流体验的事业仍旧任重道远，但同时这个事业的本身又能创造出新鲜的体验和文化，让我们沉浸其中。

我的主要工作一直都是信息处理和数字产业，从来没有离开过计算机。离开索尼自立门户时，我已经对数字产业心灰意冷，本想开拓一下更单纯的、更符合自然、利于人类的领域。那么为什么我偏偏选择了语音界面，这个看似技术至上的领域呢？读过本书，答案便了然于胸，因为语言和语音界面之本仍然是"人"。它是文化、人类情感和心理的结合，又岂是单单在数字世界就能说明讲透的呢？研究、开发语音界面的同时，我对语言和文化的兴趣越来越高，也会向心理学和沟通学领域投向探索的目光。

今后我仍将继续探索人类之本。单单一本书写不下所有的见解。如果诸位还想深入了解语音 UI（Voice UI）、语音UX 设计以及语音对话，还想得到一些建议、还想和笔者一道进行开发工作，请随时联系。如果机会允许，我想开个研讨会，在会上讲一些更专业的内容，作为本书的补充。

　　最后，我由衷感谢给我这次写作机会，从策划到成书最后阶段都悉心指导我的日经 BP 社、日经 xTECH 编委会委员松山贵之先生。同时也要向平日在语音 UI/UX 研发工作中，给我提供莫大帮助，在本书写作过程中为我建言献策的小暮真未女士致以深深的谢意。

　　最后，我想再次向惠存拙作的诸位读者表示诚挚的谢意。

北京阅想时代文化发展有限责任公司为中国人民大学出版社有限公司下属的商业新知事业部,致力于经管类优秀出版物(外版书为主)的策划及出版,主要涉及经济管理、金融、投资理财、心理学、成功励志、生活等出版领域,下设"阅想·商业""阅想·财富""阅想·新知""阅想·心理""阅想·生活"以及"阅想·人文"等多条产品线。致力于为国内商业人士提供涵盖先进、前沿的管理理念和思想的专业类图书和趋势类图书,同时也为满足商业人士的内心诉求,打造一系列提倡心理和生活健康的心理学图书和生活管理类图书。

《AI:人工智能的本质与未来》

- 一部人工智能进化史。
- 集人工智能领域顶级大牛、思维与机器研究领域最杰出的哲学家多年研究之大成。
- 关于人工智能的本质和未来更清晰、简明、切合实际的论述。

《机器脑时代:数据科学究竟如何颠覆人类生活》

- 我们已经进入了数据 + 算力 + 算法发挥着巨大威力的机器脑时代。
- 人与机器的分工正在发生颠覆性的变化,并将渗透进我们生活的方方面面。

《区块链冲击：改变未来产业的核心技术》

- 以区块链技术为核心标志的"互联网二次革命"已经来临。
- 日本 15 位专家专业解读区块链给金融、商业以及个人、社会和世界所带来的深刻变革，前瞻性展望区块链技术未来的发展趋势。

《未来生机：自然、科技与人类的模拟与共生 》

- 从 Google 到 Zoogle，关于自然、科技与人类"三体"博弈的超现实畅想和未来进化史。
- 中国科普作家协会科幻创作社群——未来事务管理局、北京科普作家协会副秘书长陈晓东，北师大教授、科幻作家吴岩倾情推荐。

《一本书读懂 FinTech》

- 一本全面梳理 FinTech 前沿趋势和相关知识的入门读本，让你清晰了解 FinTech 为大众生活带来的翻天覆地的变化。
- 全球知名管理大师、日本著名管理学家和经济评论家大前研一推荐。